高职高专计算机教学改革新体系规划教材

HTML 5网页设计与实现

徐琴　由芸　主编
王钧　许斗　汪明　王玉洁　崇阳　副主编
程剑　吴雷　石晶　参编

清华大学出版社
北京

内容简介

本书以一个完整的电子商务网站网页制作为案例，采用迭代递增的网页设计方法，每一个项目完成一部分需求，随即学习相关知识并动手实现。全书按照网页设计的步骤，围绕描述网页内容的 HTML、描述网页样式的 CSS 以及描述网页行为的 JavaScript 三个知识点进行编写。同时还涉及响应式布局、字体式图标和框架技术等流行的网页设计技术。最后用两个案例对全书知识进行贯穿总结，使读者全面掌握网页设计技能。

本书内容结构合理，实例简单易懂，既适合高职院校网页设计课程教学使用，也适合从事网页设计相关工作的初学者阅读，或作为社会培训教材使用。

图书在版编目(CIP)数据

HTML 5 网页设计与实现/徐琴，由芸主编. —北京：清华大学出版社，2015（2020.11重印）
（高职高专计算机教学改革新体系规划教材）
ISBN 978-7-302-40288-6

Ⅰ. ①H… Ⅱ. ①徐… ②由… Ⅲ. ①超文本标记语言－程序设计－高等职业教育－教材
Ⅳ. ①TP312

中国版本图书馆 CIP 数据核字(2015)第 105931 号

责任编辑：孟毅新
封面设计：李伯骥
责任校对：袁 芳
责任印制：杨 艳

出版发行：清华大学出版社
网 址：http://www.tup.com.cn，http://www.wqbook.com
地 址：北京清华大学学研大厦 A 座 **邮 编**：100084
社 总 机：010-62770175 **邮 购**：010-62786544
投稿与读者服务：010-62776969，c-service@tup.tsinghua.edu.cn
质量反馈：010-62772015，zhiliang@tup.tsinghua.edu.cn
课件下载：http://www.tup.com.cn，010-83470410
印 装 者：三河市国英印务有限公司
经 销：全国新华书店
开 本：185mm×260mm **印 张**：18.5 **字 数**：423 千字
版 次：2015 年 8 月第 1 版 **印 次**：2020 年 11月第13 次印刷
定 价：59.00 元

产品编号：064893-04

Preface 前 言

近几年，随着互联网的迅速发展，各大公司都在大量招聘网页前端设计人员，同时对前端设计师的技能要求也大大提高。如今的网页设计师需要了解整个 Web 标准体系才能制作出符合规范的页面。

HTML 5 是 W3C 与 WHATWG 合作的结果，虽然它仍处于完善之中，然而，目前大部分浏览器已经支持 HTML 5。HTML 5 是 Web 开发的一次重大改变，可以说它代表着未来的发展趋势。

本书主要介绍前端网页开发的必备技术：HTML 5、CSS 3 及 JavaScript，还包括响应式布局、字体式图标和框架等网页设计主流技术。每个项目中，介绍知识点后会随之实现相关任务，使学生以任务驱动的方式来学习，通过任务实施的过程来巩固和吸收所学知识。

本书适合网页设计的初学者阅读，并提供图片、代码等相关素材。建议在阅读本书的同时，使用网页制作工具及浏览器同步操作，在完成实例后及时查看结果，这样学习效率会大大提高。

本书内容概述

全书共分为 11 个项目。

项目 1 网页设计基础知识：介绍网页和网站的基本概念和网页制作的工具。

项目 2 构建 HTML 5 网页：介绍 HTML 5 的基础知识，使读者掌握 HTML 5 置标语言的使用方法。

项目 3 网页布局：介绍实现网页布局的多种方法，包括固定宽度的布局、流式布局和弹性布局等，使读者在掌握 CSS 基础、盒模型、浮动、框架等知识的基础上，学会设置常见布局。

项目 4 对链接应用样式：介绍修改默认样式的方法，使读者能够创建按钮式链接。

项目 5 设置网页导航条和列表样式：介绍列表在网页导航条、图片列表和新闻列表中的作用，以及利用列表和样式实现它们的方法。

项目 6 和用户交互——表单：介绍各种表单的类型和用法，使读者能够为页面添加搜索栏、创建用户登录界面和制作购物车等。

项目 7 美化页面：介绍美化页面的主要方法，以设置文本效果、创建圆角边框和字体式图标为实例，讲解美化页面的具体思路和步骤。

项目8　添加动态效果：主要介绍JavaScript基础知识，完成显示与取消搜索框默认关键词、图片轮播、图片放大镜、提示窗口和选项卡切换的动态效果。

项目9　响应式布局：主要讲解响应式布局的概念、页面优化的方法。

项目10　用Bootstrap重构网页：介绍Bootstrap的概念，使读者掌握利用Bootstrap重构页面的方法。

项目11　综合练习：以学校网站的制作及学校手机网页的制作为案例，将整本书的知识融会贯通。

本书特点

(1) 案例导入、任务驱动、项目导向，每一个项目完善网页的一部分。

(2) 每个任务由学习情境、任务描述、任务知识、任务实施等模块组成，理论和实践紧密结合。

(3) 多个实例环环相扣，迭代递增。

(4) 采用当前最主流的HTML 5、CSS 3，涉及响应式布局、字体式图标及框架技术。

(5) 本书舍去Photoshop图片处理、Flash动画制作的内容，从纯网页编辑的角度进行编写。

(6) 教材配套相关教学资源，提供图片、代码等相关素材供免费使用。

本书约定

本书代码以灰色为背景，如下所示。

```
<!doctype html>
<html>
<head>
    <meta charset="utf-8">
    <title>文档标题</title>
</head>
<body>
    <!-- 此处为页面正文部分 -->
</body>
</html>
```

由于编者水平有限，书中难免有不足之处，敬请广大读者批评、指正！编者E-mail：jgxuqin@sina.com。

编　者

2015年7月

Contents 目录

项目 7 美化页面

项目 8 添加动态效果

项目 9 响应式布局

项目 10 用 Bootstrap 重构网页

项目 11 综合练习

项 目 1

网页设计基础知识

知识目标

- 了解 HTML、网页和网站的基本概念。
- 了解网页制作的工具。

技能目标

- 能够选择合适的软件进行网页制作。

素养目标

- 掌握网页制作的基本思路。
- 培养一定的自学能力。

任务 1 认识网页和网站

▶ 学习情境

冰天美帝是一家经营冰激凌销售的公司，随着大家生活水平的提高和消费意识的转变，该公司在近两年内迅速发展。为了更方便地为客户提供最新信息和相关服务，公司决定制作一个网站。

公司的员工小黄一直对网页设计感兴趣，借此机会，他决定先自己制作一个网页，先从网页设计基础知识开始学习，再层层深入。最终实现如图 1-1 和图 1-2 所示的网站首页。

图 1-1 冰天美帝网站首页

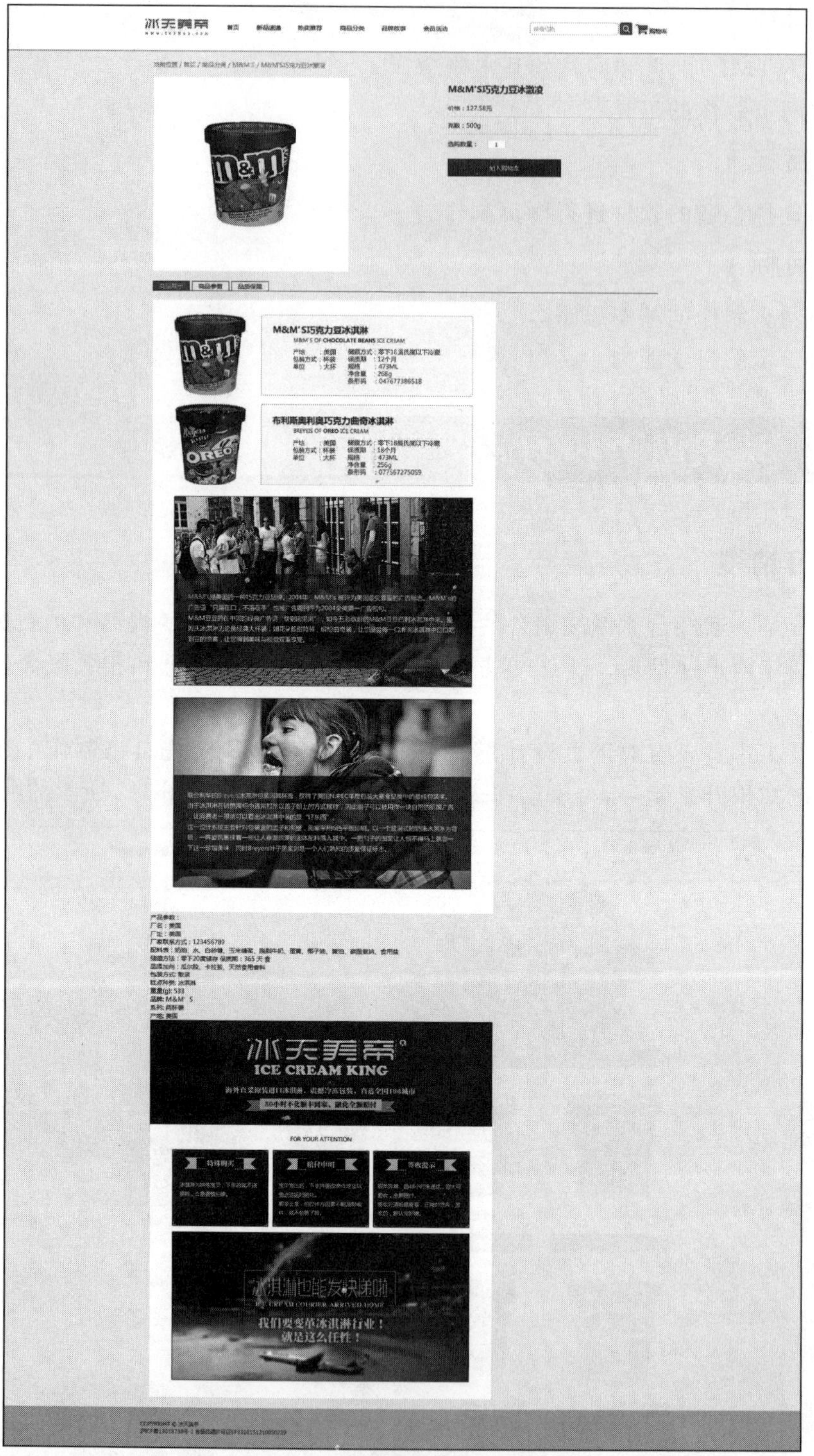

图 1-2　冰天美帝产品单页页面

本单元主要让初学者掌握 HTML、网页和网站的基本概念，理解它们的含义和区别。

▶ 任务描述

冰天美帝公司的小黄是一位网页设计的初学者，首先需要学习以下知识。

(1) 什么是网页？

(2) 什么是网站？

(3) 网页和网站有何关联和区别？

▶ 任务知识

网页设计是指使用置标语言通过一系列设计、建模和执行的过程将电子格式的信息通过互联网传输，最终以图形用户界面的形式被用户所浏览。简单来说，网页设计的目的就是产生网站。简单的信息如文字、图片和表格，都可以通过超文本置标语言、可扩展超文本置标语言等放置到网站页面上。而更复杂的信息如矢量图形、动画、视频、声频等多媒体文档则需要插件程序来运行，同样地，它们也需要通过置标语言移植在网站内。目前，超文本置标语言与层叠样式表共同用于网页内容的设计已经被广泛地接受和使用。

1. HTML

超文本置标语言(HyperText Markup Language，HTML)中的“超文本”是指页面内可以包含图片、链接，甚至音乐、程序等非文字元素。HTML 被用来结构化信息——例如标题、段落和列表等，也可用来在一定程度上描述文档的外观和语义。

HTML 文档最常用的扩展名为.html，由于 DOS 等的旧操作系统限制扩展名最多为 3 个英文字符，所以.htm 扩展名也允许使用。

2. 网页

HTML 文档由网页浏览器读取，并以网页的形式显示出它们。

网页是一个文件，这个文件可以存放在世界某个角落的某一台计算机中，是万维网中的一“页”。网页经由网址来识别与访问。当我们在网页浏览器输入网址后，经过一系列复杂而又快速的程序，网页文件会被传送到客户端，然后通过浏览器解释网页的内容，再展示到用户眼前。

网页分为静态网页和动态网页。静态网页中，HTML 代码生成后，页面的内容和显示效果基本上不会发生变化了。静态网页的网址形式通常以.html 结尾，还有以.htm、.shtml、.xml 等为结尾的。在静态网页中，也可以出现各种动态的效果，如 GIF 格式的动画、Flash、滚动字幕等，这些“动态效果”只是视觉上的。本书主要介绍静态网页的制作方法。

动态网页是所有动态生成与动态更新的网页的统称。与传统的静态网页相反，它会因为变量的改变而产生不同的网页。这既可能是服务器端生成的网页，也可能是用户端生成的网页，或是两者的混合。动态网页是基本的 HTML 语法规范与 Java、VB、VC 等高级程序设计语言、数据库编程等多种技术的融合。动态网页通常以.aspx、.asp、.jsp、.php、.perl、.cgi

等为扩展名。

3. 网站

网站是指在互联网上，根据一定的规则使用 HTML 等工具制作的用于展示特定内容的相关网页的集合。我们可以通过网页浏览器来访问网站，获取自己需要的信息或者享受网络服务。

在互联网的早期，网站还只能保存单纯的文本。经过几年的发展，当万维网出现之后，图像、声音、动画、视频，甚至 3D 技术开始在互联网上流行起来，网站也慢慢地发展成我们现在看到的图文并茂的样子。

任务 2　选择网页制作工具

▶ 学习情境

在理解网页和网站的概念后，要进行网页制作还须要选择制作工具。本单元介绍网页制作的主要工具及特点。

▶ 任务描述

选择网页制作工具需要了解以下知识。

(1) 常用的网页设计工具有哪些？

(2) 这些工具有什么特点？

▶ 任务知识

好的软件会令我们网页制作的效率大大提高，对于初学者来说，选择一款合适的软件是非常重要的。如今的网页制作软件越来越多，如 Dreamweaver、FrontPage、Sublime Text、Web Page Maker 等，在这里我们介绍几款常用的软件。

1. Dreamweaver

Dreamweaver 是 Adobe 公司的网站开发软件，是著名的网站开发工具。

Adobe Dreamweaver 安装完成后，打开该软件会看到如图 1-3 所示的界面。

Adobe Dreamweaver 使用所见即所得的设计界面，也有 HTML 编辑的功能，如图 1-4 所示，是个可视化的网页设计和网站管理工具。它支持各种 Web 技术，包含 HTML 检查、HTML 格式控制、HTML 格式化选项、可视化网页设计、图像编辑、处理 Flash 和 Shockwave 等富媒体格式和动态 HTML、基于团队的 Web 创作。

在图 1-4 中可以看到“代码”“拆分”和“设计”三个选项卡，用户可以选择可视化方式或源码编辑方式。

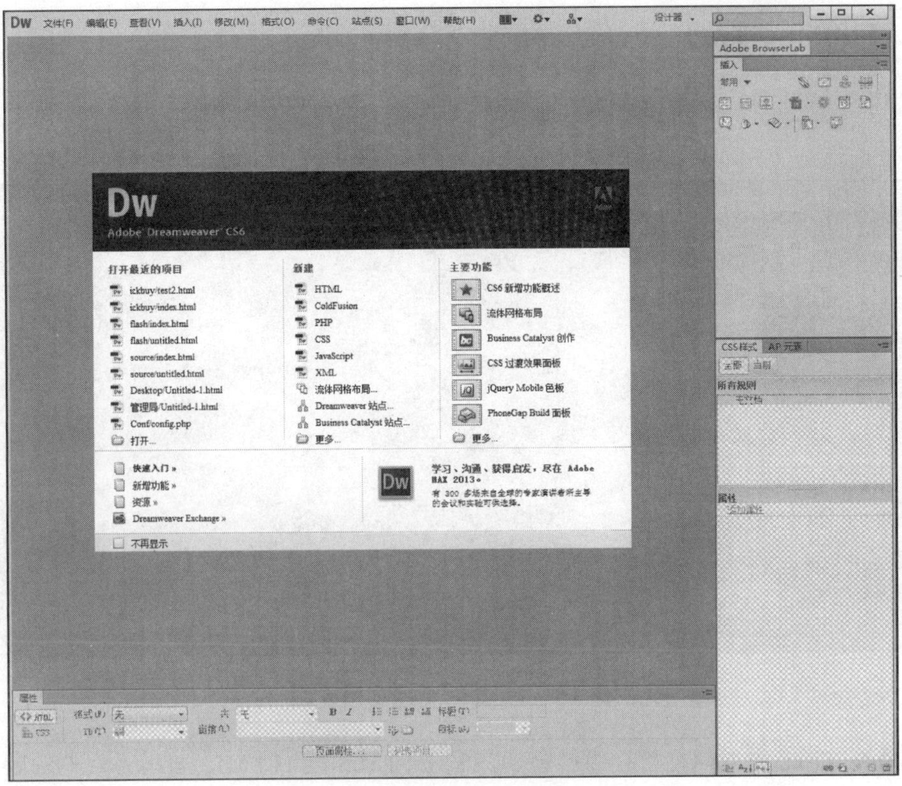

图 1-3　Adobe Dreamweaver 初始界面

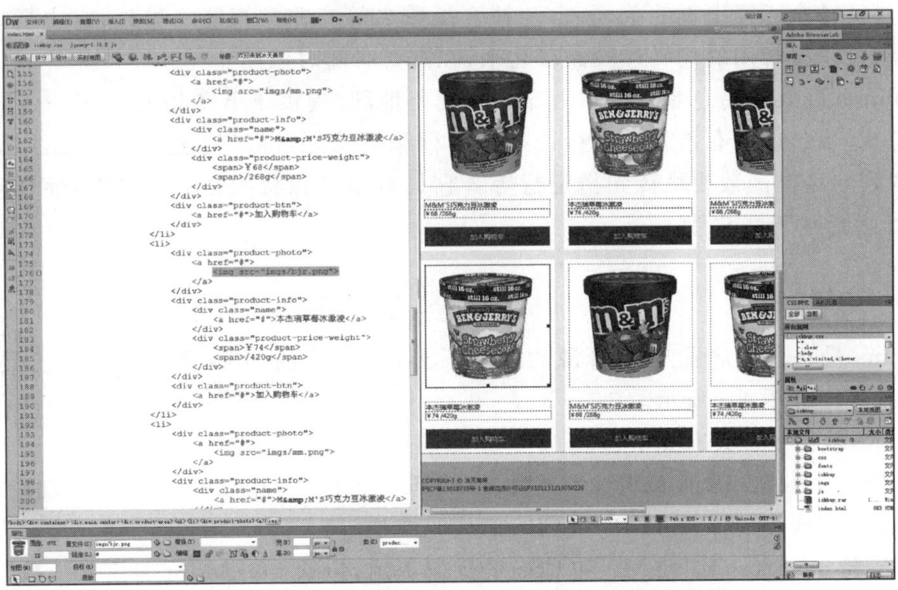

图 1-4　Adobe Dreamweaver 中 HTML 代码编辑界面

2. Sublime Text

Sublime Text 是一个跨平台的文本编辑器，安装完成后，该软件的初始界面如图 1-5 所示。

图 1-5 Sublime Text 初始界面

Sublime Text 支持 C、C++、C #、CSS、D、Erlang、HTML、Groovy、Haskell、Java、JavaScript、LaTeX、Lisp、Lua、Markdown、Matlab、OCaml、Perl、PHP、Python、R、Ruby、SQL、TCL、Textile 和 XML 等编程语言的语法，并且拥有优秀的代码自动完成功能(自动补齐括号、自动补全已经出现的单词、自动补全函数名等)，非常智能。另外，它也拥有代码片段的功能，可以将常用的代码片段保存起来，在需要时随时调用。

Sublime Text 的特色是支持多种布局和代码地图，提供了 F11 键和 Shift+F11 键进入全屏免打扰模式，还拥有强大的多行选择和多行编辑功能，可以快速地进行文件切换，也可以快速罗列与定位函数或跳转到指定行等。它具有很多独特的强大的功能，使得现在很多 Web 设计者青睐于此软件。

3. Aptana

Aptana 是一个非常强大的、开源的专注于 JavaScript 的 Ajax 开发的开发工具，安装完成后，初始界面如图 1-6 所示。

Aptana 软件主要具有如下特点。

(1) 提供 JavaScript、JavaScript 函数、HTML 和 CSS 语言的 Code Assist 功能。

(2) 显示 JavaScript、HTML 和 CSS 的代码结构。

(3) 支持 JavaScript、HTML 和 CSS 的代码提示，包括 JavaScript 自定义函数。

(4) 代码语法错误提示。

(5) 支持 Aptana UI 自定义和扩展。

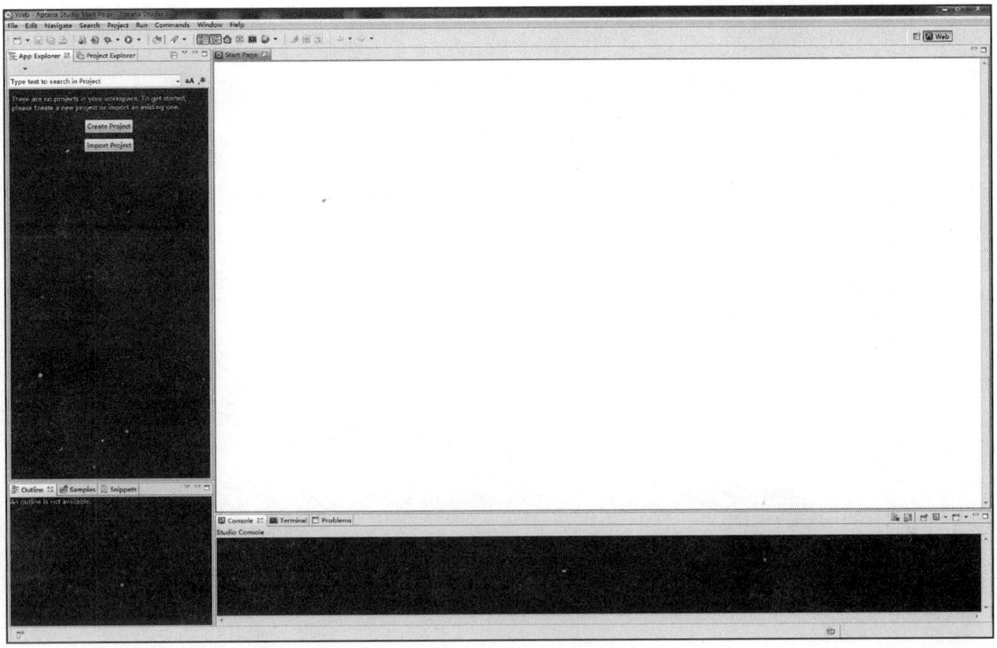

图 1-6　Aptana 界面

(6) 支持跨平台。

(7) 支持 FTP/SFTP。

(8) 调试 JavaScript。

(9) 支持流行 Ajax 框架的 Code Assist 功能。

(10) 通过插件扩展后可以作为 Adobe AIR iPhone 和 Nokia 等的开发工具。

(11) 提供了 Eclipse 插件。

学习网页设计除了需要这些网页制作工具，还需要使用浏览器来查看我们操作的结果。常见的浏览器有微软的 IE 浏览器、Google 的 Chrome 浏览器、苹果的 Safari 浏览器、Mozilla 的 Firefox 浏览器等。

本书案例中采用的浏览器是 Firefox 36.0.1。

项目总结

在理解网页和网站的基本概念后，就需要选择网页制作工具，在本项目中，我们介绍了几款主流的制作工具：Dreamweaver、Sublime Text 和 Aptana。

最后对本书案例中要完成的任务进行介绍，让读者了解学习方式和将要学习的内容。

课后练习

1. 网页和网站有何联系与区别?

2. 目前主流网页制作工具主要有哪些? 作为初学者，你将会选择哪一种工具?

项 目 2

构建HTML 5网页

知识目标

- 了解 HTML 的发展历史。
- 了解 HTML 5 的优势。
- 理解 HTML 5 的常用元素和属性。
- 理解 HTML 5 新增元素的功能。

技能目标

- 掌握 HTML 5 文档创建的方法。
- 掌握 HTML 5 元素的使用技巧。

素养目标

- 掌握 HTML 5 网页制作的思路。
- 探索实现一种效果的多种方法。
- 培养团结协作的精神。
- 探索 HTML 5 的新功能。

任务 创建 HTML 5 网页

▶ 学习情境

冰天美帝公司员工小黄通过学习得知，一般在浏览器上所看到的网页都是由一种称为 HTML 的置标语言所描述的。目前，HTML 语言已经发展到了第 5 版，即我们所说的 HTML 5。小黄决定从 HTML 5 入手，了解并学习 HTML 技术。

本任务首先介绍网页制作的 HTML 语言，从结构标签到内容标签，再到新增的多媒体支持标签。通过这个项目的学习，读者能够了解并掌握 HTML 5 置标语言的使用方法。

▶ 任务描述

本任务的目标是创建一个 HTML 5 网页。首先需要为网站首页确定基本的网页结构，并且在页面中添加相应的内容，如导航菜单、图片等。最后为了实现一定的视觉和听觉效果，在页面中插入相关的音频、视频文件。

本任务主要内容如下。

(1) 构建网页结构。

(2) 添加网页内容。

(3) 在网页中添加多媒体内容。

问题引导：

(1) 与 XHTML 相比，HTML 5 有何优势？增加了什么功能？

(2) 如何编写一个 HTML 5 文档？

(3) HTML 5 有哪些常用标签？

(4) 如何在网页中播放音频、视频等文件?

▶ 任务知识

HTML 是互联网上应用最为广泛的置标语言,是标准通用置标语言 SGML 下的一个应用,它通过标签符号来标记网页中各部分的内容,比如用来标记段落的<p>标签、用来标记超链接的<a>标签等。网页文件本身就是一种文本文件,通过在文本文件中添加标签,可以告诉浏览器如何显示其中的内容(如文字如何处理、画面如何安排、图片如何显示等)。浏览器按顺序读取网页文件内容,然后根据标签解释和显示其标记的内容。

HTML 语言于 20 世纪 90 年代初面世,目前的版本及 HTML 5。最初的 HTML 语法要求比较松散,虽然编写方便,但处理起来很困难,而且不易兼容除传统计算机之外的其他设备,比如手机、平板电脑等。因此在 HTML 发展到 4.01 版本之后,W3C(万维网联盟)发布了使用 DTD 进行文档类型声明的 XHTML。XHTML 使用 XML 的规范来约束 HTML 文档,语法严格、格式规范,是将 HTML 和 XML 的长处结合的产物,它的目标是逐步取代原有的 HTML。但是互联网上还有很多的 HTML 页面是不符合语法规范的,比如标签名称大小写混杂、元素没有结束标签、元素属性没有使用引号等。基于此,W3C 在 2008 年 1 月制订了 HTML 5 草案。2014 年 10 月 29 日,W3C 宣布,HTML 5 标准规范制定完成。

1. HTML 5 的优势

(1) 解决了跨浏览器问题

在 HTML 5 以前,各种浏览器对 HTML、JavaScript 的支持都不统一,这样就造成了同一个网页在不同浏览器中的显示效果不一样。HTML 5 的目标是分析各浏览器所具有的功能,并以此制定一个通用规范,要求各个浏览器都能支持这个通用标准。支持 HTML 5 的浏览器包括 Firefox(火狐浏览器)、IE 9 及其更高版本、Chrome(谷歌浏览器)、Safari、Opera 等;国内的遨游浏览器(Maxthon),以及基于 IE 或 Chromium 所推出的 360 浏览器、搜狗浏览器、QQ 浏览器、猎豹浏览器等同样支持 HTML 5。

(2) 有更明确的语义支持

在 HTML 5 之前,要表达一个网页正文文档结构,一般只能通过<div>标签来实现,如下所示。

```
<div id = "header">...</div>
<div id = "nav">...</div>
<div id = "article">
   <div id = "section">
      ...
   </div>
</div>
<div id = "aside">...</div>
<div id = "footer">...</div>
```

在上面的页面结构文档中，所有的页面元素都是采用<div>标签来实现，通过 id 值表示不同的含义。这种采用<div>标签进行布局的方式将导致语义的缺乏。

HTML 5 则为页面布局提供了更加明确的语义元素，可将上述页面文档改为如下形式。

```
<header>...</header>
<nav>...</nav>
<article>
    <section>...</section>
</article>
<aside>...</aside>
<footer>...</footer>
```

(3) 增强了 Web 应用程序的功能

HTML 5 提供 API 实现浏览器内的编辑、拖放，以及各种图形用户界面的功能。HTML 5 提供了前所未有的数据与应用接入开放接口，使外部应用可以直接与浏览器内部的数据直接相连，如视频影音可直接与话筒及摄像头相连。

2. HTML 5 文档的基本结构

HTML 5 文档的基本结构如下。

```
<!doctype html>
<html>
<head>
    <meta charset = "utf - 8">
    <title>文档标题</title>
</head>
<body>
    <! -- 此处为页面正文部分 -->
</body>
</html>
```

其中，<!doctype html>是文档类型声明 DTD，但是这个 DTD 并不符合 XML 文档的语法，因为 HTML 5 并不是“规范优先”的设计。

<html>和</html>分别表示一个文档的开始和结束。其中包含了两对很重要的标签：<head>...</head>头部标签和<body>...</body>主体标签。

<head>头部标签主要用来描述文档的元信息，包括使用<title>...</title>标签来描述文档标题，使用<meta>标签来描述文档使用的字符集、网页关键字、网站描述等信息。

3. HTML 5 的语法变化

HTML 5 较之前的 XHTML 在语法上发生了一些变化，最大的特点就是 HTML 5 可以最大限度地兼容互联网上随处可见的不规范网页，语法变化的主要内容如下。

(1) 标签不再区分大小写。

（2）元素可以省略结束标签。

（3）允许省略属性的属性值。

（4）允许属性值不使用引号。

4. HTML 5 的常用标签

在正式学习 HTML 5 标签之前，我们要先了解几个基本概念。

元素：元素是 HTML 5 文档最基本的构成单元，它用于表示 HTML 文档的结构和 HTML 文档中包含的数据内容。元素包括开始标签、属性、属性值、内容和结束标签，如图 2-1 所示。

图 2-1　元素的结构

标签：标签使用一对尖括号作为限定符，通常成对出现，用来描述不同的网页对象。如<a>…</a>是用来表示超链接对象的标签。结束标签在标记符号前有一个斜杠“/”。

属性：属性用来为元素附加一些额外信息，比如 href 属性用于设置超链接元素的链接地址信息。属性只能包含在开始标签中，一个标签可以包含多个属性，它们之间用空格分隔。

（1）结构标签

<html>：它是 HTML 5 文档的根元素，用来确定文档的开始和结束。编写网页时，这个页面都包含在<html>…</html>标签中。在 HTML 5 规范里面，允许完全省略这个元素。

<head>：它用于定义 HTML 5 文档的页面头部信息，用来描述有关文档的元信息、存放内嵌式样式表以及 JavaScript 脚本程序。在<head>…</head>标签中至少要包含<title>…</title>标签用来描述文档的标题。<meta>标签是位于<head>标签和<title>标签之间的一个辅助性标签，它提供网页元信息，比如针对搜索引擎和更新频度的描述和关键词。<head>标签中的内容形式如下。

```
<head>
    <!-- 定义 HTML 页面所使用的字符集为 utf-8 -->
    <meta charset = "utf-8">
    <!-- 网页宽度默认等于屏幕宽度,原始缩放比例为 1,即网页初始大小占屏幕面积的 100% -->
    <meta name = "viewport" content = "width = device-width, initial-scale = 1">
    <!-- 设置 IE 浏览器兼容模式 -->
    <meta http-equiv = "X-UA-Compatible" content = "IE = edge">
    <!-- 设置网页关键字 -->
    <meta name = "keywords" content = "冰激凌,冰激凌,冰天美帝冰激凌,冰天美帝门店">
```

```
    <!-- 定义网页文档标题 -->
    <title>欢迎来到冰天美帝</title>
    <!-- 导入链接式 CSS 文件 -->
    <link rel = "stylesheet" type = "text/css" href = "css/ickbuy.css">
    <!-- 在网页中导入一个 JS 文件 -->
    <script type = "text/javascript" src = "js/jquery - 1.11.2.js"></script>
</head>
```

<body>：它用于定义 HTML 5 文档的页面主体部分，网页中所有可见部分都包含在<body>…</body>标签中。

<div>：区块容器标签，即<div>…</div>相当于一个容器，可以容纳段落、标题、表格、图片等各种 HTML 元素。一般把<div>…</div>中的内容视为一个独立的对象，用于 CSS 的控制。

<span>：与<div>标签一样，作为容器标签被广泛应用在网页设计中。在<span>…</span>中同样可以容纳各种 HTML 元素，从而形成独立的对象。

<div>与<span>的区别在于，<div>是一个块级标签，它包围的元素会自动换行；而<span>是一个行内标签，在它的前后不会换行。例如，有如下一段代码：

```
<!doctype html>
<html>
<head>
<meta charset = "utf - 8">
<title>div 与 span 的区别</title>
</head>

<body>
    <p>div 标签不同行</p>
    <div><img src = "images/logo.png" width = "150" height = "40"></div>
    <div><img src = "images/logo.png" width = "150" height = "40"></div>
    <div><img src = "images/logo.png" width = "150" height = "40"></div>
    <p>span 标签同一行</p>
    <span><img src = "images/logo.png" width = "150" height = "40"></span>
    <span><img src = "images/logo.png" width = "150" height = "40"></span>
    <span><img src = "images/logo.png" width = "150" height = "40"></span>
</body>
</html>
```

其在浏览器中的显示结果如图 2-2 所示。<div>标签中的 3 幅图片分别在 3 行显示，而<span>标签中的图片没有换行。

（2）文本控制标签

<h1>～<h6>：用来定义文档标题，一共有六级。<h1>是一级标题，字体最大；<h6>是六级标题，字体最小，如图 2-3 所示。

<p>：用来定义一个段落，在浏览器中显示时，段落通常在下一个段落之前插入一个新行，并与下一段有默认段间距，代码如下。

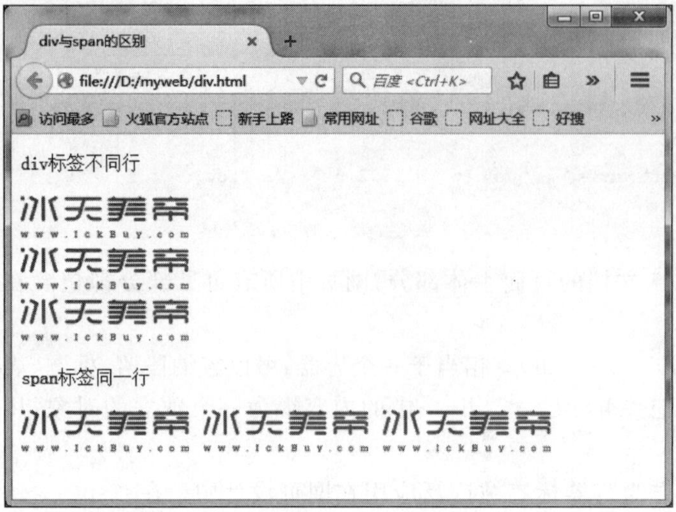

图 2-2　<div>与<span>控制元素效果

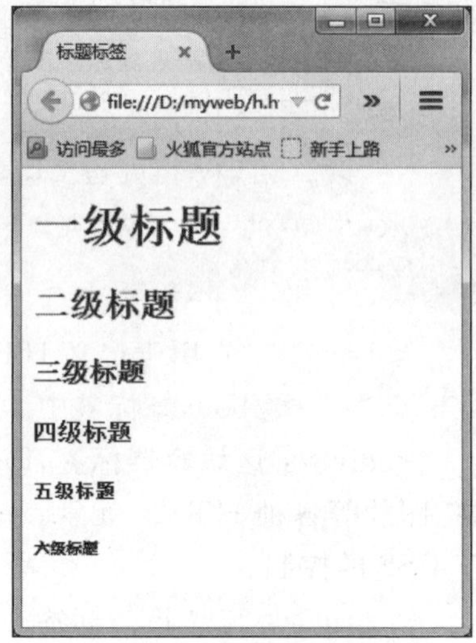

图 2-3　各级标题效果

```
<body>
<p>M&amp;M 豆豆在中国的经典广告词是“快到碗里来”，如今五彩缤纷的 M&amp;M 豆豆已到冰激凌中来。</p>
<p>爱姆氏冰激凌无论是经典大杯装，还是如花朵般甜筒装，缤纷曲奇装，都让您在品尝每一口滑润冰激凌时体验到口口吃到豆的惊喜，让您得到美味与视觉的双重享受。</p>
</body>
```

浏览器显示效果如图 2-4 所示。

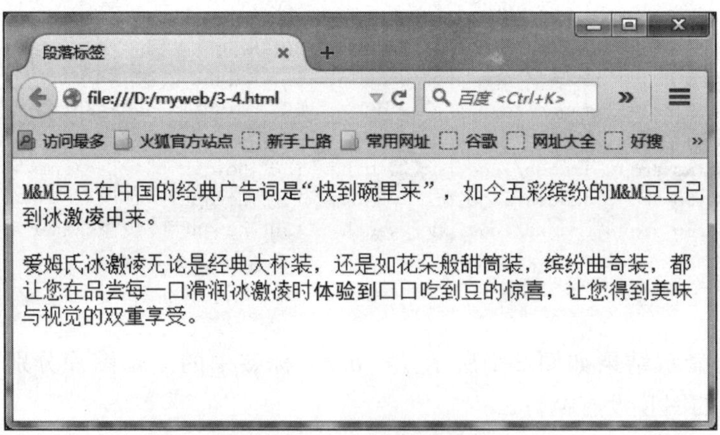

图 2-4　<p>标签效果

：换行标签。通常浏览器会将文本之间的空白字符都转换成一个空格，并将多余空白字符过滤掉。如果想要显示多个空格，需要通过转义字符“ ”表示一个空格。如果需要在文字某处换行显示，可以使用换行标签
，而且可以用多个
标签产生多

个空行，如图 2-5 所示。

```
<body>
    <p>    冰天美帝新闻<br><br>
      吃冰激凌刺激大脑快乐区<br><br>
      英国鼓励市民吃冰激凌</p>
</body>
```

<hr>：定义水平分割线。

<b>：定义粗体文本。

<i>：定义斜体文本。

<em>：定义强调文本，实际效果和斜体文本差不多。

<strong>：定义粗体文本，与<b>标签的作用基本相同。HTML 为<strong>标签增加了语义，使用<strong>描述的文本代表重要的文本。

<big>：定义大号字体文本。

<small>：定义小号字体文本。

<sup>：定义上标文本。

<sub>：定义下标文本。

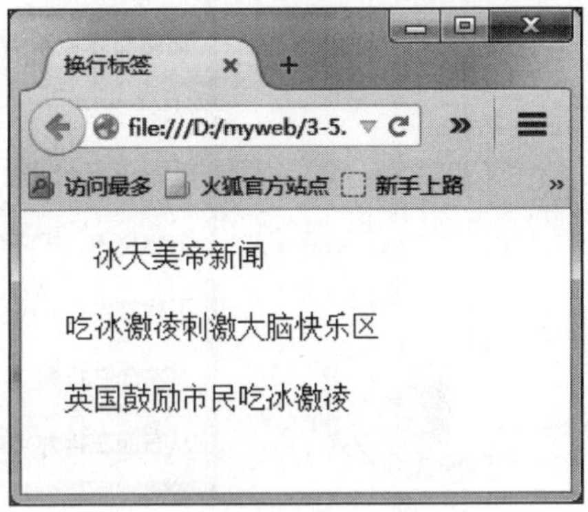

**图 2-5
标签效果**

<bdo>：定义文本显示的方向，属性 dir="ltr"表示文本从左向右排列，属性 dir="rtl"表示文本从右向左排列。

如下 HTML 代码示范了这些文本控制标签的用法，显示效果如图 2-6 所示。

```
<body>
<b>加粗文本：欢迎来到冰天美帝</b><br><br>
<i>斜体文本：欢迎来到冰天美帝</i><br><br>
<em>强调文本：欢迎来到冰天美帝</em><br><br>
<strong>加粗文本：欢迎来到冰天美帝</strong><br><br>
<big>大号字体文本：欢迎来到冰天美帝</big><br><br>
<small>小号字体文本：欢迎来到冰天美帝</small><br><br>
上标文本：<sup>欢迎来到冰天美帝</sup><br><br>
下标文本：<sub>欢迎来到冰天美帝</sub><br><br>
从左向右排列文本：<bdo dir="ltr">欢迎来到冰天美帝</bdo><br><br>
从右向左排列文本：<bdo dir="rtl">欢迎来到冰天美帝</bdo>
</body>
```

被 HTML 5 赋予语义的文本控制标签如下。

<abbr>：用于表示一个缩写，使用 title 属性设置缩写的全称。

<address>：用于表示一个地址。

<blockquote>：用于定义一段带换行的、大段的引用文本，浏览器会使用缩进的方式显示被引用的文本，使用 cite 属性指定该引用文本所引用的 URL 地址。

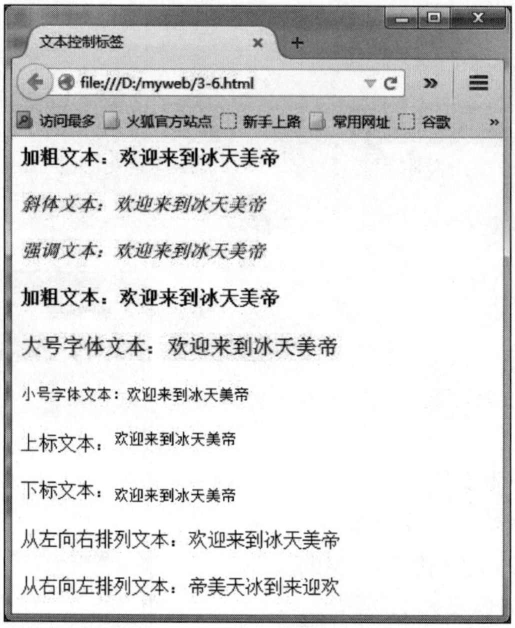

图 2-6　各种文本控制标签的效果

<q>：用于定义一段不带换行的、较短的引用文本。浏览器会为这段被引用的文本添加("")，使用 cite 属性指定该引用文本所引用的 URL 地址。

<cite>：用于表示作品(一本书、一首歌、一部电影等)的标题。

<code>：用于表示一段计算机代码。

<dfn>：用于定义一个专业术语。

<del>：用于定义文档中被删除的文本，浏览器通常会加上删除线的形式显示该文本。

<ins>：用于定义文档中插入的文本，浏览器通常会以加上下划线的形式显示该文本。

<pre>：用于表示该标签所包含的文本已经进行了"预格式化"。

<samp>：用于定义示范文本内容。

<kbd>：用于定义键盘文本。

<var>：用于表示一个变量。

使用了上述语义相关的标签来定义相关内容的代码如下，浏览器显示效果如图 2-7 所示。

```
<!doctype html>
<html>
<head>
    <meta charset="utf-8">
    <title>语义相关标签</title>
</head>
<body>
```

```
冰天美帝的缩写是<abbr title="冰天美帝">btmd</abbr>,这是<address>上海</address>的一家
电子商务公司。<br><br>
<p>下面是一段 JS 脚本代码:<br>
<code>
  function showImg(index){<br>
    var $rollobj = $(".banner");<br>
    var $rolllist = $rollobj.find("div a");<br>
    var newhref = $rolllist.eq(index).attr("href");<br>
  }<br>
</code></p>
<p><dfn>JavaScript</dfn>是一种客户端脚本语言。<var>$rollobj</var>、<var>$rolllist
</var>是脚本中定义的变量。</p>
<p>在 &lt;head&gt;头部标签中引入外部脚本程序,可使用如下示例代码:<br>
<samp>
&lt;script type=&quot;text/javascript&quot;&gt;<br>
js 脚本代码区<br>
&lt;/script&gt;
</samp></p>
<p>如果要测试与网络上某台主机的连通性,可使用命令:<kbd>ping 对方 IP 地址</kbd></p>
<cite>望月怀远</cite>
<pre>    [作者]      张 九 龄</pre>
<blockquote>
海上生明月,天涯共此时。情人怨遥夜,竟夕起相思。<br>
灭烛怜光满,披衣觉露滋。不堪盈手赠,还寝梦佳期。</blockquote>
<p>Android 是一个<del>开发</del><ins>开放</ins>式的手机、平板电脑操作系统</p>
</body>
</html>
```

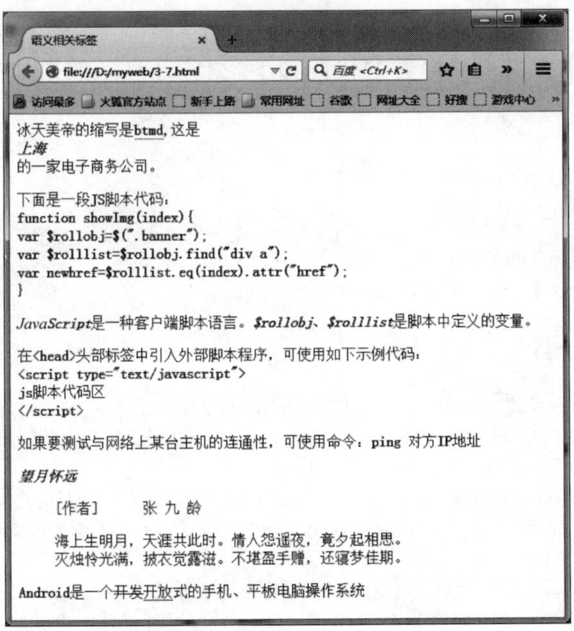

图 2-7　用标签定义内容效果

(3) 图像标签

<img>：用来描述在网页中插入的图像。网页中可以插入的图像格式有 JPG 格式、GIF 格式和 PNG 格式。其使用格式如下。

```
< img src = "images/logo.png" alt = "冰天美帝网站 Logo">
```

<img>标签有如下两个重要的属性。

① src：用于指定加载图像的路径，路径可以是绝对路径，也可以是相对路径。通常我们会在站点中为图片创建独立的文件夹，一般图片文件夹名为 images 或 img。src 属性是<img>标签中必需的属性。

图 2-8　alt 属性效果

② alt：用于指定图像的替换文本，用文字的方式描述图像。当用户因图像加载失败等原因无法看到图像时可以看到替换文本，显示效果如图 2-8 所示。

(4) 超链接标签

超链接标签<a>用来定义超链接，用于从一个页面链接到另一个页面。

<a>标签有如下三个重要的属性。

① href：用来指定链接目标，可以是一个站点的 URL，一个站内页面的相对地址，或是一个 E-mail 地址，也可以是"#"表示空链接，以引发 onclick 鼠标事件。

② target：用来指定链接目标位置，其属性值可以是_self、_blank、_top、_parent 四个值，分别代表自身窗口、新窗口、顶层框架和父框架。

③ media：用来在指定了 href 属性后，指定目标 URL 所引用的媒体类型，默认为 all。

在使用<a>标签创建超链接时，我们还可以通过 name 属性设置锚点，建立在网页内部某一位置的锚点链接。

使用超链接标签来定义相关内容的代码如下，浏览器显示效果如图 2-9 所示。

```
<!doctype html>
<html>
<head>
    <meta charset = "utf - 8">
    <title>超链接标签</title>
</head>
<body>
    <!-- 命名锚点 -->
    <a name = "top"></a>
    <!-- 在当前浏览器窗口打开当前站点下的"新品速递"网页 -->
    <p><a href = "new.html" target = "_self">新品速递</a></p>
    <!-- 在新窗口中打开冰天美帝网站 -->
    <p><a href = "http://www.ickbuy.com" target = "_blank">冰天美帝</a></p>
    <a href = "http://www.ickbuy.com" target = "_blank"><img src = "images/logo.png"></a>
    <!-- 创建邮件超链接 -->
    <p><a href = "mailto:admin@ickbuy.com">与我联系</a></p>
    <br><br><br><br><br><br><br><br><br><br><br><br><br><br><br><br><br>
    <br><br><br><br><br><br><br><br><br><br><br><br><br><br><br><br><br>
```

```
    <! -- 创建链接到页首的锚点处 -->
    <a href = "#top">返回顶部</a>
</body>
</html>
```

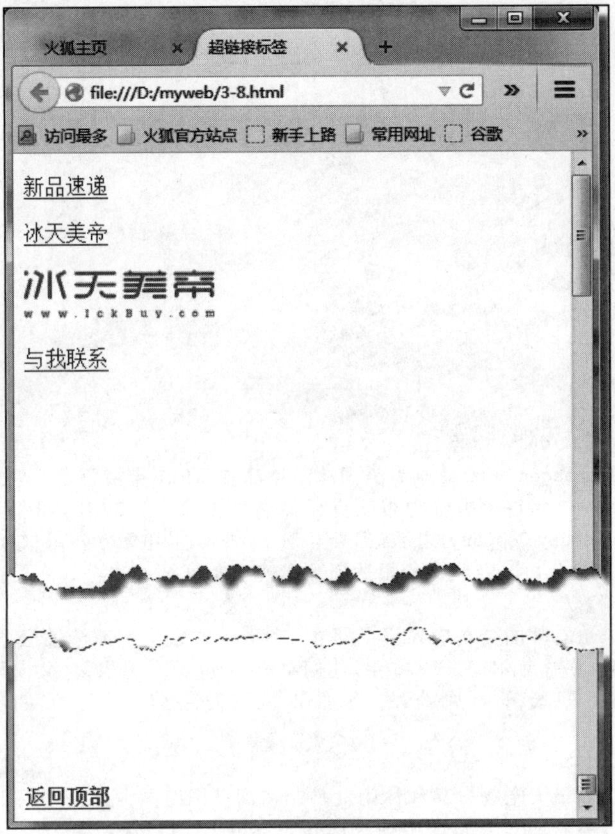

图 2-9 超链接效果

(5) 列表标签

<ul>：用来定义无序列表，以<ul>开始，以</ul>结束。每个列表项都包含在<li>…</li>中。列表项符号默认为黑色圆点。

<ol>：用来定义有序列表，以<ol>开始，以</ol>结束，每个列表项都包含在<li>…</li>中。列表项符号默认为阿拉伯数字序列。

<dl>：用于定义列表，以<dl>开始，以</dl>结束。在<dl>标签中可以包含<dt>…</dt>定义标题列表项，在<dt>标签中可以包含<dd>…</dd>定义内容列表项。

使用列表标签来定义相关内容的代码如下，浏览器显示效果如图 2-10 所示。

```
<! doctype html >
< html >
```

```
<head>
    <meta charset="utf-8">
    <title>列表标签</title>
</head>
<body>
网站栏目有:
<ul>
    <li>新品速递</li>
    <li>热卖推荐</li>
    <li>商品分类</li>
</ul>
冰激凌品牌有:
<ol>
    <li>哈根达斯</li>
    <li>本·杰瑞</li>
    <li>德芙</li>
</ol>
品牌介绍
<dl>
    <dt>【哈根达斯】</dt>
    <dd>哈根达斯(Häagen-Dazs)原为美国冰激凌品牌,1921 年由鲁本·马特斯(Reuben Mattus)研制
        成功,于 1962 年在美国纽约布朗克斯命名并上市。1983 年,哈根达斯出售给品斯乐公司
        (The Pillsbury Company)之后,品斯乐公司纳入通用磨坊公司(General Mills Inc.)旗下,
        2002 年雀巢公司已经收购哈根达斯冰激凌在美国全部注册商标权。</dd>
    <dt>【本·杰瑞】</dt>
    <dd>有史以来最有趣的公司应该算上是本·杰瑞。这家生产冰激凌公司的创始人分别是本·科
        恩和杰瑞·格林菲尔德。1978 年,他们拿出 6000 美元的积蓄,又向科恩的父亲借了 2000 美
        元,租用一间废弃的加油站,将加油站稍微装修,刷上油漆,于是名为“勺子商店”
        (ScoopShop)就这么开张了。</dd>
    <dt>【德芙】</dt>
    <dd>德芙是世界最大宠物食品和休闲食品制造商美国跨国食品公司玛氏(Mars)公司在中国推出
        的系列产品。1989 年进入中国。1995 年成为中国版块巧克力领导品牌,“牛奶香浓,丝般
        感受”成为其经典广告语。</dd>
</dl>
</body>
</html>
```

(6) 表格标签

表格标签<table>用于定义表格。所有表格标签都必须包含在<table>...</table>中。

<caption>:用于定义表格的标题。

<tr>:用于定义表格行。在表格行中定义单元格。

<th>:用于定义表头单元格,其单元格中的文字内容自动加粗居中。

<td>:用于定义普通单元格,可以在其中嵌套表格。通过 colspan 属性指定该单元格跨多少列,通过 rowspan 属性指定该单元格跨多少行。

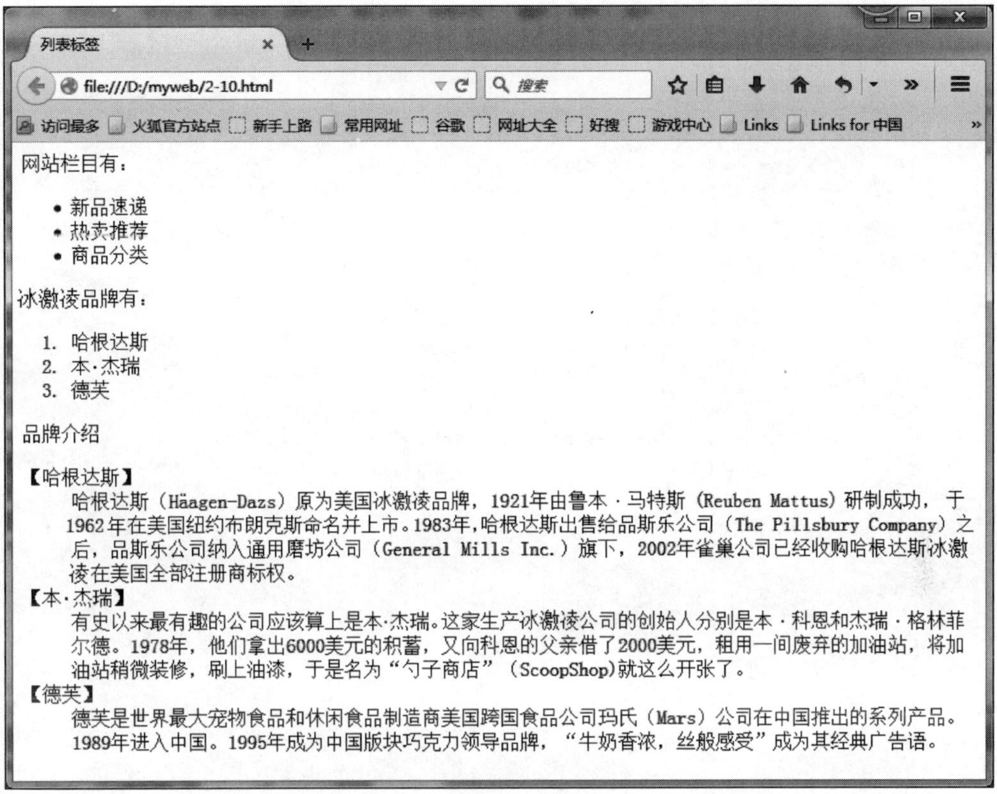

图 2-10　列表效果

<tbody>：用于定义表格的主体，只能包含<tr>…</tr>标签。

<thead>：用于定义表格头。

<tfoot>：用于定义表格脚。

<tbody>、<thead>、<tfoot>标签可以让我们对表格中的行进行分组，使用<tbody>标签可以将一个表格分为几个独立的部分。当我们使用 Ajax 编程时常常需要动态修改表格中的某几行，这就需要<tbody>标签了。<thead>可以表示标题行，<tfoot>可以表示表格底部的统计行。

使用表格标签定义一个简单表格的代码如下，浏览器显示效果如图 2-11 所示。

```
<!doctype html>
<html>
<head>
    <meta charset="utf-8">
    <title>表格标签</title>
</head>
<body>
<table width="400" border="1">
  <caption>
```

```
    <h1>冰天美帝冰激凌</h1>
  </caption>
  <thead>
      <tr>
            <th width="255">品种</th>
            <th width="129">价格/规格</th>
      </tr>
  </thead>
  <tbody>
      <tr>
            <td><img src="images/mm.png"></td>
            <td><span>¥68</span><span>/268g</span></td>
      </tr>
      <tr>
            <td><img src="images/bjr.png"></td>
            <td><span>¥74</span><span>/420g</span></td>
      </tr>
  </tbody>
  <tfoot>
      <tr>
            <td colspan="2"><a href="#">更多种类...</a></td>
      </tr>
  </tfoot>
</table>
</body>
</html>
```

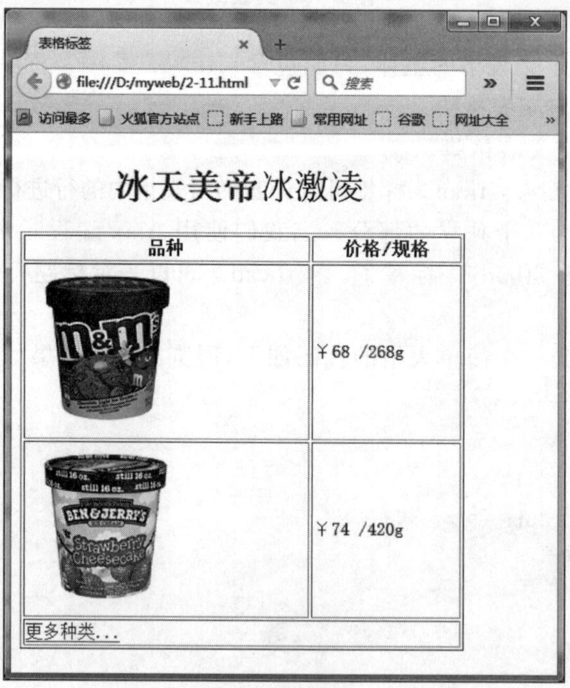

图 2-11　表格效果

5. HTML 5 新增的通用属性

HTML 5 在保留了原来 HTML 中大部分标签功能的同时，也为这些标签增加了一些通用属性，这些属性使 HTML 元素的功能大大地增强。

（1）contenteditable 属性

HTML 5 为大部分 HTML 标签都增加了 contenteditable 属性。如果将该属性设为 true，那么浏览器将会允许开发者直接编辑该 HTML 元素的内容。该属性还具有“可继承”的特点，即父元素是“可编辑”的，那么它的子元素默认也是可编辑的。

如果我们把图 2-11 所示的表格放在<div>...</div>标签中，并为<div>...</div>标签设置 contenteditable="true"属性值，那么表格中的数据在浏览器中双击后即可变为可编辑状态，如图 2-12 所示。

```
<body>
<div contenteditable = "true" style = "width:500px;border:1px solid black">
<table width = "400" border = "1">
    <! -- 原表格内容 -->
</table>
</div>
</body>
```

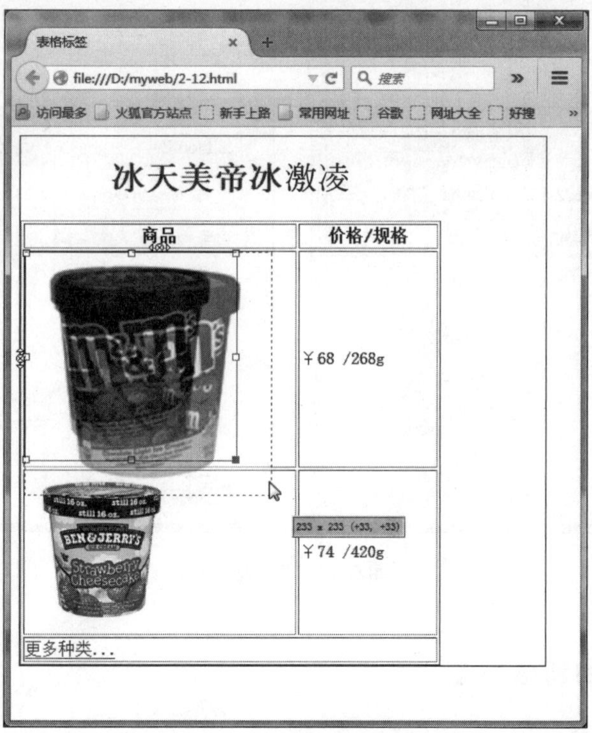

图 2-12　可编辑状态

(2) designmode 属性

designmode 属性相当于一个全局的 contenteditable 属性，如果把整个页面的 designmode 属性设置为 on，该页面上所有可支持 contenteditable 属性的标签都变成可编辑状态，designmode 属性默认值为 off。

(3) hidden 属性

hidden 属性支持 true、false 两个属性值，如果设置某个标签 hidden 属性为 true，表示在浏览器窗口不显示该标签内容。

如下代码演示了 hidden 属性的功能，显示效果如图 2-13 所示。

```
<!doctype html>
<html>
<head>
    <meta charset="utf-8">
    <title>hidden 属性</title>
</head>
<body>
<div id="image" hidden="true">
    <img src="images/mm.png">
</div>
<button onclick="var image=document.getElementById('image');
image.hidden=!image.hidden;">显示/隐藏</button>
</body>
</html>
```

图 2-13　隐藏效果

6. HTML 5 的新增标签

(1) 文档结构标签

在 HTML 5 之前，HTML 页面只能使用<div>标签作为结构标签，HTML 5 则提供了丰富的结构标签。

＜article＞：它用于描述页面上一篇完整的"文档"。在文档中，可以使用＜header＞标签来定义文档的"标题"；使用＜footer＞标签来定义文档的"脚注"；使用＜section＞标签把文档内容分成几个段落。

＜nav＞：它用于定义页面上的导航条，包括主导航、侧边导航、页面导航、底部导航等。HTML 5 推荐将这些导航分别放在相应的＜nav＞标签中进行管理。

＜aside＞：它用于定义当前页面的附属信息，比如网页的侧边栏可以使用＜aside＞标签来定义。

＜hgroup＞：它用于组织多个＜h1＞～＜h6＞这样的标题标签。

＜figure＞：它用于表示一块独立的图片区域。该标签内部可包含一个或多个＜img＞标签所表示的图片，还可以包含一个＜figcaption＞标签，用来定义该图片区域的标题。下面代码演示了＜figure＞标签的使用，浏览器显示效果如图 2-14 所示。

```
<body>
<figure style="border:2px solid black;padding:5px;width:350px">
      <figcaption><b>冰天美帝经营的冰激凌产品</b></figcaption>
    <img src="images/bjr.png">
    <img src="images/mm.png">
</figure>
</body>
```

图 2-14　＜figure＞标签效果

(2) 语义标签

＜mark＞：它用于显示 HTML 页面中需要重点显示的内容，就像用荧光笔把书本上重点内容标注出来一样。

＜time＞：它用于显示被标注内容是日期、时间或者日期时间。

示例代码如下，浏览器显示效果如图 2-15 所示。

```
<body>
    <mark>冰天美帝</mark>是一家主营高端冰激凌、冷冻甜品的电子商务公司。<br>
    公司决定在今年<time datetime="2015-05-01T09:00">劳动节</time>推出周年庆典活动。
</body>
```

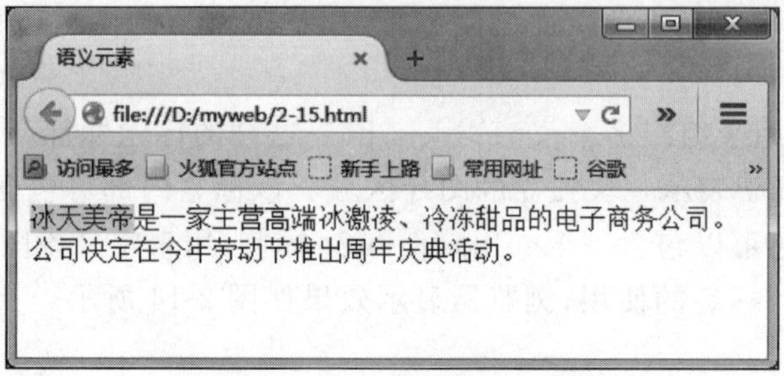

图 2-15　语义标签效果

(3) 特殊功能标签

＜meter＞：它用于表示一个已知最大值和最小值的计数仪表。它使用 value 属性指定计数表当前值；使用 min 属性指定计数表最小值；使用 max 指定计数表最大值；使用 low 属性指定计数表指定范围的最小值，其值要大于等于 min 属性值；使用 high 属性指定计数表指定范围的最大值，其值要小于等于 max 属性值；使用 optimum 属性指定计数表有效范围的最佳值。

＜progress＞：它用于表示一个进度条。它使用 max 属性指定进度条完成时的值，使用 value 属性指定进度条当前完成的进度值。

示例代码如下，浏览器显示效果如图 2-16 所示。

```
<body>
    当前行车车速是：<meter value="100" min="0" max="200" low="0" high="180">100
    </meter>km/s<br>
    本月项目完成度为：<progress value="70" max="100">70/100</progress>
</body>
```

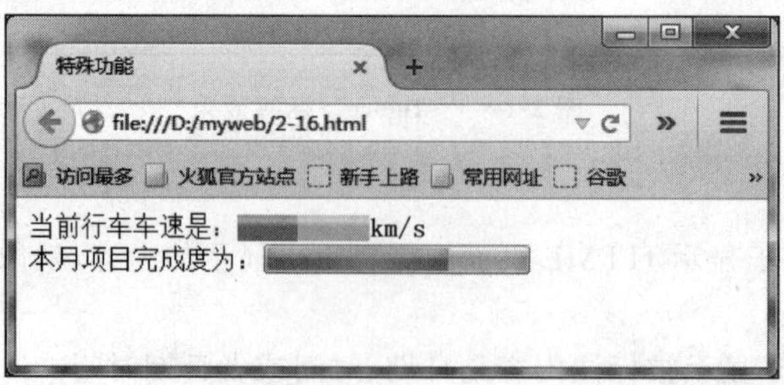

图 2-16　＜meter＞标签和＜progress＞标签效果

7. <audio>标签

在 HTML 5 规范出现之前，如果希望在网页上播放视频、音频，需要借助第三方插件，如 Flash 等，这需要在浏览器上安装插件，HTML 5 的出现改变了这种现状，新增了<audio>和<video>两个标签，设计者可以通过这两个标签在 HTML 页面上播放音频、视频。使用这两个标签播放多媒体，无须在浏览器上安装任何插件，只要浏览器本身支持 HTML 5 规范就可以了。

<audio>标签能够播放声音文件或者音频流，其属性如表 2-1 所示。

表 2-1 <audio>标签的属性值及功能描述

属 性	值	功 能 描 述
autoplay	autoplay	如果出现该属性，则音频在就绪后马上播放
controls	controls	如果出现该属性，则向用户显示控件，如"播放"按钮
loop	loop	如果出现该属性，则每当音频结束时重新开始播放
preload	preload	如果出现该属性，则音频在页面加载时进行加载，并预备播放。如果使用 autoplay 属性，则忽略该属性
src	url	要播放的音频的 URL

HTML 5 可以支持的音频格式如表 2-2 所示。

表 2-2 HTML 5 可以支持的音频格式

格式	IE 9	Firefox 3.5	Opera 10.5	Chrome 3.0	Safari 3.0
Ogg		√	√	√	
MP3	√			√	√
WAV		√	√		√

考虑到各浏览器对音频的支持互不相同，可以借助<source>标签的 src 属性来指定音频文件的 URL，通过 type 属性来指定音频文件类型。

示例代码如下，浏览器显示效果如图 2-17 所示。

```
<body>
<h2>音频播放 </h2>
<audio controls>
    <! -- 让浏览器依次选择适合自己播放的音频文件 -->
    <source src="audio/demo.ogg" type="audio/ogg"/>
    <source src="audio/demo.mp3" type="audio/mpeg"/>
    <source src="audio/demo.wav" type="audio/x-wav"/>
</audio>
</body>
```

图 2-17　<audio>标签效果

8. <video>标签

HTML 5 规定了一种通过<video>标签来包含视频的标准方法，其属性如表 2-3 所示。

表 2-3　<video>标签的属性值及功能描述

属　性	值	功能描述
autoplay	autoplay	如果出现该属性，则音频在就绪后马上播放
controls	controls	如果出现该属性，则向用户显示控件，如“播放”按钮
loop	loop	如果出现该属性，则当音频结束时重新开始播放
preload	preload	如果出现该属性，则音频在页面加载时进行加载，并预备播放。如果使用 autoplay 属性，则忽略该属性
src	url	要播放的视频的 URL
height	Pixels	设置视频播放器的高度
width	Pixels	设置视频播放器的宽度

HTML 5 可以支持的视频格式如表 2-4 所示。

表 2-4　HTML 5 可以支持的视频格式

格　式	IE	Firefox	Opera	Chrome	Safari
Ogg	不支持	3.5 及以上版本	10.5 及以上版本	5.0 及以上版本	不支持
MPEG 4	9.0 及以上版本	不支持	不支持	5.0 及以上版本	3.0 及以上版本
WebM	不支持	4.0 及以上版本	10.6 及以上版本	6.0 及以上版本	不支持

考虑到各浏览器对视频的支持互不相同，可以借助<source>标签的 src 属性来指定视频文件的 URL，通过 type 属性来指定视频文件类型。

示例代码如下，浏览器显示效果如图 2-18 所示。

```
<body>
<h2>视频播放</h2>
<video width="500px" height="300px" controls>
    <source src="video/movie.webm" type="video/webm">
</video>
</body>
```

图 2-18 <video>标签效果

▶ 任务实施

1. 构建网页结构

以构建冰天美帝首页的基本页面结构为例，来讲解构建网页结构的具体步骤。

网页文档的开始和结束用<html>...</html>表示。<!doctype html>是文档类型声明DTD，是指示浏览器使用哪个HTML版本进行编写的指令。lang="zh-cn"说明这个html内容是以中文为显示和阅读基础。<meta charset="utf-8">用来定义使用的字符集，为了设置IE浏览器兼容模式，需要添加<meta http-equiv="X-UA-Compatible" content="IE=edge">。在网页中可见部分的内容都放置在<body>和</body>之间。基本的网页结构代码如下。

```
<!doctype html>
<html lang="zh-cn">
<head>
    <meta charset="utf-8">
    <meta http-equiv="X-UA-Compatible" content="IE=edge">
    <title>欢迎来到冰天美帝</title>
</head>
<body>
</body>
</html>
```

2. 添加网页内容

添加如图 1-5 所示的网页内容，如列表、图片等元素，其操作步骤如下。

(1) 分析元素

在图 1-5 所示的页面中，有图片内容和文字内容，其中导航菜单、“冰天美帝新闻”和整齐排列的产品图片等都可以被看成是无序列表。

“冰天美帝新闻”可以用如下 HTML 代码表示。

```
<ul>
    <li><a href="#">奇人～伊拉克画家竟然这么用冰激凌!</a></li>
    <li><a href="#">冰激凌有助怀孕</a></li>
    <li><a href="#">英国鼓励市民吃冰激凌</a></li>
    <li><a href="#">吃冰激凌刺激大脑快乐区</a></li>
    <li><a href="#">奇人～伊拉克画家竟然这么用冰激凌!</a></li>
    <li><a href="#">冰激凌有助怀孕</a></li>
    <li><a href="#">英国鼓励市民吃冰激凌</a></li>
    <li><a href="#">吃冰激凌刺激大脑快乐区</a></li>
</ul>
```

在导航菜单的商品分类菜单下，又有二级菜单，同样，我们可以将它们用无序列表来表示，代码如下。

```
<ul>
    <li><a href="#">首页</a></li>
    <li><a href="#">新品速递</a></li>
    <li><a href="#">热卖推荐</a></li>
    <li><a href="#">商品分类</a>
        <ul>                                        <!-- 二级菜单列表 -->
            <li><a href="#">哈根达斯</a></li>
            <li><a href="#">M&amp;M'S</a></li>
            <li><a href="#">本·杰瑞</a></li>
            <li><a href="#">德芙</a></li>
        </ul>
    </li>
```

```
    <li><a href="#">品牌故事</a></li>
    <li><a href="#">会员活动</a></li>
</ul>
```

(2) 添加网页内容

整个页面可以分为5块内容，分别是头部的Logo图像等、中间的Banner大图、中间靠左的产品图片列表、中间靠右的广告和新闻列表，以及底部的版权信息。为了以后的CSS样式控制，我们将相关内容容纳在<div>这个区块标签中。最终的完整HTML代码如下所示。

```
<!-- 顶部Logo、菜单等 -->
<div>
        <div>
            <img src="images/logo.png">
        </div>
        <div>
            <ul>
                <li><a href="#">首页</a></li>
                <li><a href="#">新品速递</a></li>
                <li><a href="#">热卖推荐</a></li>
                <li><a href="#">商品分类</a>
                    <ul>
                        <li><a href="#">哈根达斯</a></li>
                        <li><a href="#">M&amp;M'S</a></li>
                        <li><a href="#">本·杰瑞</a></li>
                        <li><a href="#">德芙</a></li>
                    </ul>
                </li>
                <li><a href="#">品牌故事</a></li>
                <li><a href="#">会员活动</a></li>
            </ul>
        </div>
</div>
<!-- 中间的Banner大图 -->
<img src="images/banner.png" alt="成为会员优惠更多">
<!-- 产品图片列表 -->
<div>
    <ul>
        <li>
            <div>
                <a href="#">
                    <img src="images/mm.png">
                </a>
            </div>
            <div>
                <div>
```

```
                <a href="#">M&amp;M'S 巧克力豆冰激凌</a>
            </div>
            <div>
                <span>¥68</span>
                <span>/268g</span>
            </div>
        </div>
            <div>
                <a href="#">加入购物车</a>
            </div>
        </li>
        <!-- 此处省略其他 5 个 li 项 -->
    </ul>
</div>
<!--广告和新闻列表-->
<div>
    <div>
        <a href="#">
            <img src="images/ickbuy-more.png" alt="更多精选商品">
            <span>更多精选商品</span>
        </a>
    </div>
    <div>
        <a href="#">
            <img src="images/ickbuy-ad.png" alt="顺丰快递到家">
            <span>顺丰快递到家</span>
        </a>
    </div>
        <div>
            <h3>冰天美帝新闻<span><a href="#">更多</a></span></h3>
            <ul>
                <li><a href="#">奇人~伊拉克画家竟然这么用冰激凌!</a></li>
                <li><a href="#">冰激凌有助怀孕</a></li>
                <li><a href="#">英国鼓励市民吃冰激凌</a></li>
                <li><a href="#">吃冰激凌刺激大脑快乐区</a></li>
                <li><a href="#">奇人~伊拉克画家竟然这么用冰激凌!</a></li>
                <li><a href="#">冰激凌有助怀孕</a></li>
                <li><a href="#">英国鼓励市民吃冰激凌</a></li>
                <li><a href="#">吃冰激凌刺激大脑快乐区</a></li>
            </ul>
        </div>
</div>
<!--首页尾部-->
<div>
    <p>COPYRIGHT © 冰天美帝</p>
    <p>沪 ICP 备 13018738 号-1 食品流通许可证 SP3101151210050229</p>
</div>
```

此时，页面的 HTML 内容就添加完成了，显示效果如图 2-19 所示。

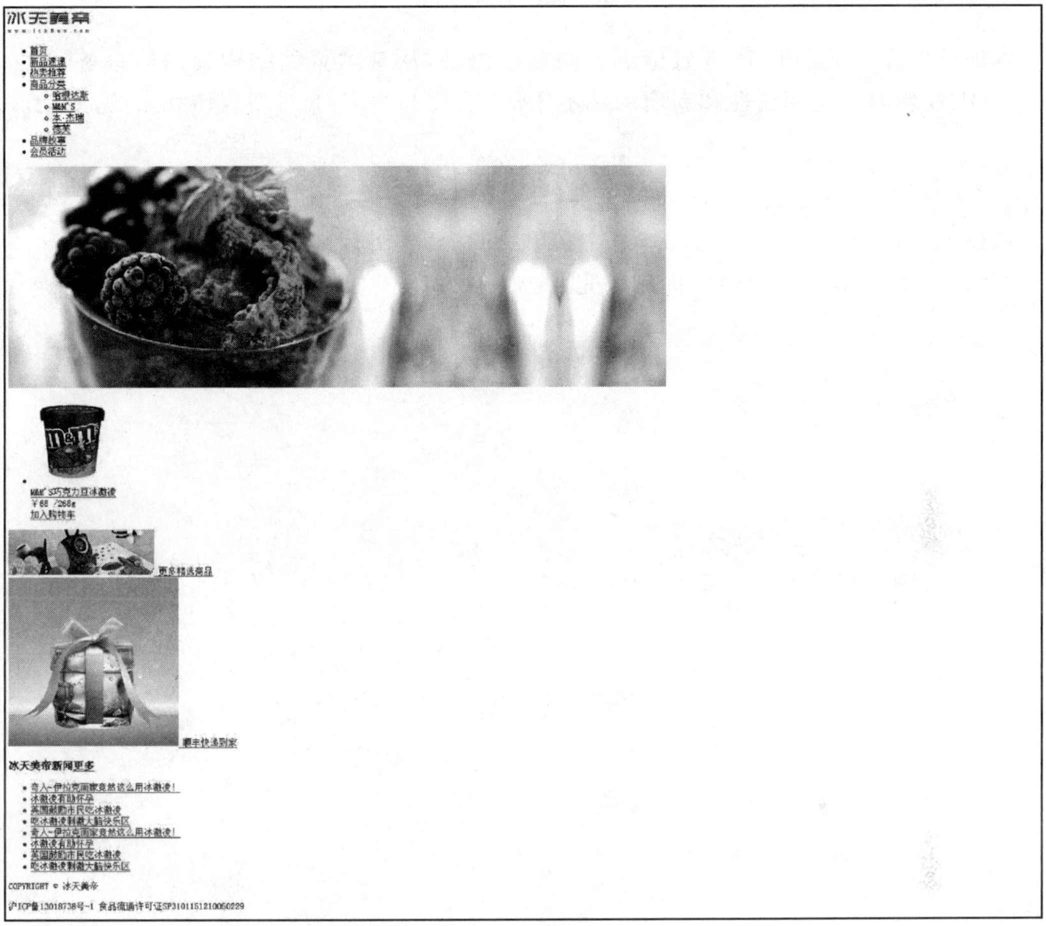

图 2-19 添加网页内容后页面效果

3. 实现多媒体交互

网页文字和图片等信息添加完成后，在此基础上增加一个音频元素。因为不同浏览器可能支持不同的音频格式，所以可以利用<audio>标签的多个 source 元素指定不同类型的音频文件，从而让浏览器使用可识别的格式，在页面中增加如下代码。

```
<audio controls = "controls">
    <source src = "audio/demo.ogg" type = "audio/ogg"/>
    <source src = "audio/demo.mp3" type = "audio/mpeg"/>
    <source src = "audio/demo.wav" type = "audio/x - wav"/>
</audio>
```

项目总结

本项目中介绍了 HTML 5 置标语言的基本语法，从基本页面结构到内容标签，还介绍了 HTML 5 新增的通用属性和新增的标签用法，以及 HTML 5 对多媒体元素的标签支持。

课后练习

通过 HTML 标签完成“冰天美帝”产品单页的内容，使其显示效果如图 1-2 所示。

提示：页面布局可采用表格标签来完成。

项 目 3

网页布局

知识目标

- 了解 CSS 的基本知识。
- 了解网页布局基本知识。
- 理解盒模型原理。
- 理解元素定位的方法。
- 理解浮动的概念。
- 了解流式布局和弹性布局。
- 了解 CSS 框架的原理。

技能目标

- 会选择合适的 CSS 选择器。
- 掌握网页元素的定位方法。
- 掌握使用 CSS 进行网页基本布局。
- 能够制作兼容不同浏览器窗口尺寸的布局。
- 会使用 CSS 框架。
- 能够使用 960 框架快速布局网页。

素养目标

- 理解网页元素布局的思想。
- 探索自定义 CSS 框架。
- 具有设计页面布局的能力。

任务 进行网页布局

▶ 学习情境

小黄通过项目 2 的学习掌握了 HTML 5 基本知识，开始着手建设网站。首先需要设计网页的基本结构，也就是布局。

本任务主要介绍 CSS 的基本概念，网页布局的知识和基本方法，理解盒模型、定位以及浮动的概念，通过使用 CSS 进行网页布局，并且实现固定宽度、流式和弹性布局，最后介绍使用 CSS 框架进行网页布局的方法。

▶ 任务描述

接下来要根据实际需求进行网页布局。初步设计公司 Logo、导航列表和搜索框在上面，这里称为头部；中间是主内容区域，分为两列，左侧是产品图片列表，右侧是新闻列表；下面放置公司地址、版权等信息。布局如图 3-1 所示。

本任务的主要内容如下。

(1) 设计网页固定宽度的布局。

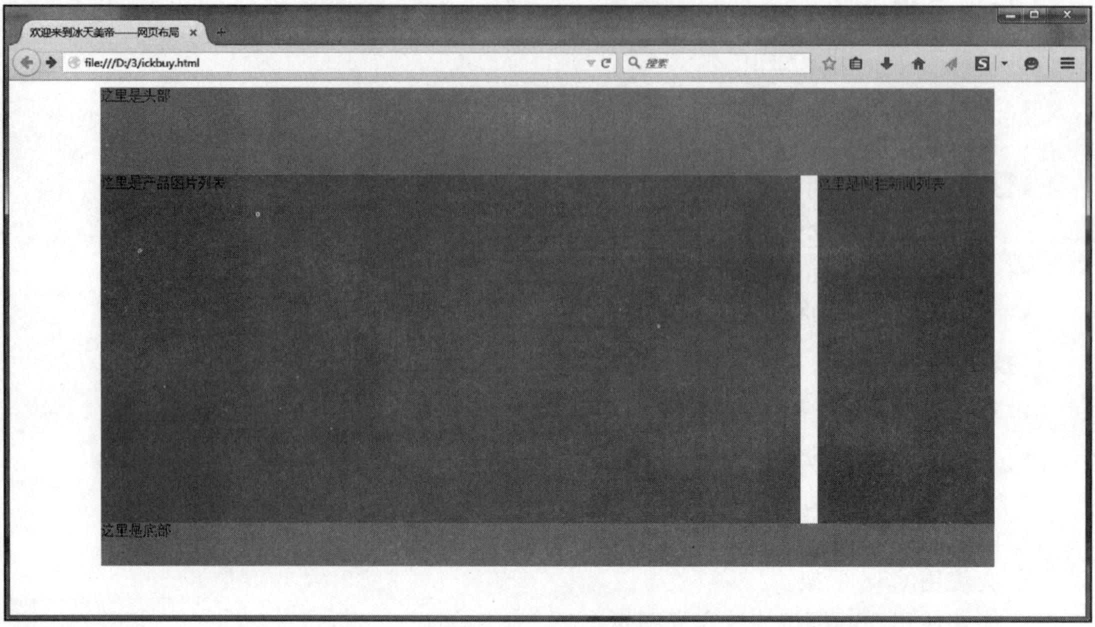

图 3-1 布局效果图

(2) 根据浏览器窗口尺寸自适应的布局。

(3) 利用 CSS 框架快速布局。

问题引导:

(1) 什么是 CSS?

(2) 什么是网页布局?

(3) 常见的网页布局有哪几种?

(4) 如何实现网页布局?

▶ 任务知识

表格布局方式使代码越来越难以理解和维护,而 CSS(层叠样式表)不仅可以控制页面的外观,并且将文档的表现部分与内容分隔开。目前主流网站都是采用 CSS 来控制样式。

1. 认识 CSS

层叠样式表 CSS(Cascading Style Sheets)是一种指定文档该如何呈现给用户的语言。它给我们带来很多好处,如避免重复、更容易维护,以及为不同目的,使用不同的样式而内容相同。

样式可以被定义在外部文件(外链样式,如 style. css),也可以在页面的头部定义(内联样式),或者定义在特定的元素身上(行内样式)。

CSS 规则主要由两个部分构成:选择器与一条或多条声明,结构如下。

```
selector {declaration1; declaration2; ... declarationN }
```

选择器通常用于需要改变样式的 HTML 元素。

每条声明由一个属性和一个值组成，属性是希望设置的样式属性，每个属性有一个值，属性和值被冒号分开，结构如下。

```
selector {property: value}
```

CSS 注释以“/ * ”开始，以“ * /”结束。养成良好的注释习惯会给将来的阅读和维护带来很大的方便。

2. 选择器

(1) 基本选择器

浏览器在展示一个文档的时候，必须要把文档内容和相应的样式信息结合起来展示，结合的依据就来自 CSS 的选择器。CSS 选择器有多种类型，如元素选择器、类选择器、IP 选择器、通用选择器等。掌握这些选择器，才能灵活地设置样式效果。

① 元素选择器。文档的元素是最基本、最常见的选择器。元素选择器又称为类型选择器。如 h2 {color: blue;}，该代码将 h2 级别的标题设置为蓝色。设置的元素可以是 HTML 文档中所有的标签元素，甚至是<html>标签本身，如 html {color: red;}使文本呈现红色。

② 类选择器。除了元素名称，还可以在选择器中使用属性值，这样就可以更具体地描述规则。其中，class 和 id 两个属性比较重要。通过设置元素的 class 属性，可以为元素指定类名，类名由开发者自己指定。文档中的多个元素可以拥有同一个类名。在写样式表时，类选择器是以英文句号“. ”开头的。

如下代码中，<p>标签元素具有 class 属性。

```
<p class = "key">
```

在一个 CSS 样式表中，下面代码中的规则会使所有 class 属性等于 key 的元素文字的颜色为绿色。

```
.key {
  color: green;
}
```

③ ID 选择器。通过设置元素的 id 属性为该元素指定 ID 名，ID 名由开发者定义。需要注意的是：每个 ID 在文档中必须是唯一的。在写样式表时，ID 选择器是以“#”开头的。

例如，下面代码中的规则会使 id 等于 principal 的元素字体大小为 20px。

```
#principal{
    font-size:20px;
}
```

④ 通用选择器。通用选择器用一个星号“*”表示，它的作用是匹配所有的可用元素。如下代码实现了去除页面中所有元素的内边距和外边距的功能。

```
*{
    padding:0;
    margin:0;
}
```

(2) 伪类选择器

CSS 伪类是加在选择器后面的用来指定元素状态的关键字。比较常见的链接状态就是使用伪类选择器来实现的。如下代码可以实现未访问链接、已访问链接、鼠标悬停和选定的链接效果。

```
a:link {color: #FF0000}          /*未访问的链接*/
a:visited {color: #00FF00}       /*已访问的链接*/
a:hover {color: #FF00FF}         /*鼠标移动到链接上*/
a:active {color: #0000FF}        /*选定的链接*/
```

注意：在 CSS 定义中，a:hover 必须被置于 a:link 和 a:visited 之后，才是有效的。a:active 必须被置于 a:hover 之后，才是有效的。

:first-child 用于向元素的第一个子元素添加样式。例如：

```
<div>
  <span>这里是绿色显示。</span>
  <span>这里不是绿色。</span>
</div>
```

对以上代码设置如下样式后，效果如图 3-2 所示。

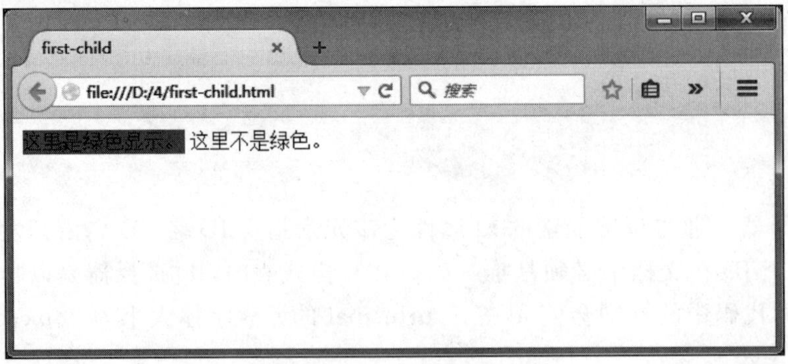

图 3-2 :first-child 样式实例

```
span:first - child {
    background - color: green;
}
```

表 3-1 所示为常见伪类名称及其功能描述。

表 3-1 常见伪类名称和功能描述

伪 类 名 称	功 能 描 述
:link	向未访问链接添加样式
:visited	向访问过的链接添加样式
:active	向选定的链接添加样式
:hover	鼠标悬停在元素上方时,向元素添加样式
:focus	向拥有键盘输入焦点的元素添加样式
:first-child	向元素的第一个子元素添加样式
:lang	允许创作者来定义制定的元素中使用的语言

(3) 伪元素选择器

CSS 伪类用于向某些选择器添加特殊的效果,而伪元素用于将特殊的效果添加到某些选择器。

两者看起来很相似,都是与选择器相关,而且都是添加特殊效果,但是它们是有区别的,我们先来看一个例子。

```
<style>
    p>i:first - child {color: red}
</style>
<p>
    <i>第一个 i</i>
    <i>第二个 i</i>
</p>
```

上面代码采用了伪类:first-child,其效果如图 3-3 所示。

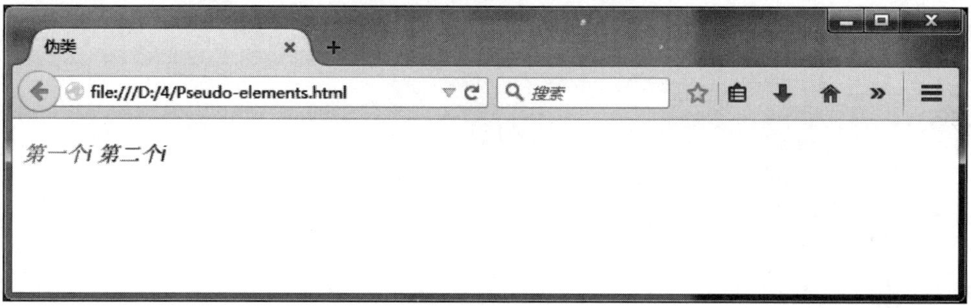

图 3-3 伪类实例

如果我们希望不用伪类而达到上面的效果，那需要为 i 元素添加一个类，代码如下。

```
<style>
    .first-child {color: red}
</style>
<p>
    <i class="first-child">第一个 i</i>
    <i>第二个 i</i>
</p>
```

接下来，再看伪元素:first-letter，HTML 和 CSS 代码如下，效果如图 3-4 所示。

```
<style>
    p:first-letter{color: red;}
</style>
<p>
    这里第一个字为红色。
</p>
```

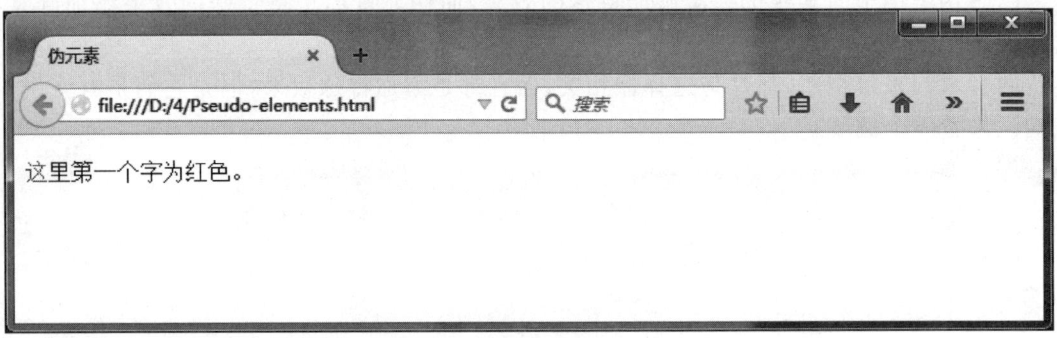

图 3-4　伪元素实例

同样，如果还是不希望用伪元素达到图 3-4 所示的效果，我们就需要为第一个字添加一个<span>，然后给<span>添加样式，代码如下。

```
<style>
    .first-letter{color: red;}
</style>
<p>
    <span class="first-letter">这</span>里第一个字为红色。
</p>
```

从这个例子中我们可以看出：伪类的效果可以通过添加一个实际的类来达到，而伪元素的效果需要通过添加一个实际的元素才能达到。

注意：:first-letter 伪元素只能用于块级元素。表 3-2 是常见伪元素的属性及含义。

表 3-2 常见伪元素的属性及含义

属 性	含 义
:first-letter	向文本的第一个字母添加特殊样式
:first-line	向文本的首行添加特殊样式
:before	在元素之前添加内容
:after	在元素之后添加内容

(4) 属性选择器

属性选择器可以根据元素的属性及属性值来选择元素。

例如,将所有包含标题的元素变成红色,可以用以下代码。

```
<style>
    *[title]{ color: red; }
</style>
<p>这里没有 title 属性</p>
<a href="#" title="title1">这里是具有 title 属性的链接。</a>
```

实现的效果如图 3-5 所示。

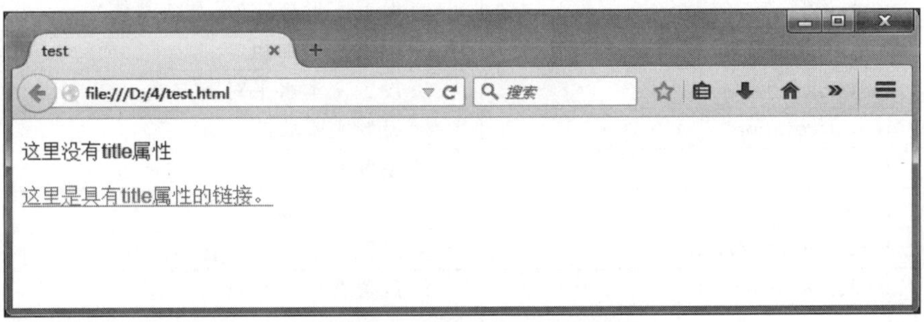

图 3-5 属性选择器实例

还可以根据多个属性进行选择,只须将属性选择器链接在一起即可。例如,a[href][title]{color:red;}将同时具有 href 和 title 属性的 HTML 超链接的文本设置为红色。也可以根据具体属性值来缩小选择范围,如 a[href="http://www. whit. ah. cn"]{color:red;}使只有指向 Web 服务器上某个指定地址的超链接变成红色。

表 3-3 是属性选择器类型及其功能描述。根据某个属性是否存在或属性的值来寻找元素,能够实现很强大的效果。

表 3-3 属性选择器类型及其功能描述

选 择 器	功 能 描 述
[attribute]	用于选取带有指定属性的元素
[attribute=value]	用于选取带有指定属性和值的元素
[attribute~=value]	用于选取属性值中包含指定词汇的元素

续表

选 择 器	功 能 描 述
[attribute|=value]	用于选取带有以指定值开头的属性值的元素,该值必须是整个单词
[attribute^=value]	匹配属性值以指定值开头的每个元素
[attribute$=value]	匹配属性值以指定值结尾的每个元素
[attribute*=value]	匹配属性值中包含指定值的每个元素

3. CSS 属性

CSS 属性可以分为字体属性、颜色及背景属性、文本属性、方框属性等几类。表 3-4 为常用 CSS 属性及其功能描述。

表 3-4　常用 CSS 属性及其功能描述

属　　性	功 能 描 述
color	设置文字颜色
font-family	设置字体
font-size	设置字体大小
font-style	设置字形样式(正常或斜体)
font-weight	设置是否加粗
text-align	设置文本水平对齐方式
text-decoration	设置文本修改
background	设置背景
background-color	设置背景颜色
background-position	设置背景固定位置
background-repeat	设置背景是否重复
width	设置宽度
height	设置高度
z-index	设置 *Z* 轴高度(是否在另一个元素之上)
visibility	设置显示或隐藏
border	设置边框
border-color	设置边框颜色
border-style	设置边框样式
padding	设置内间距
magin	设置外边距

在后面的学习中,我们通过实例来逐渐认识 CSS 的属性。

4. 层叠与继承

(1) 层叠

在一个样式表中,我们往往会发现对于同一个元素会有两个或者更多的规则,这时候就需要依靠层叠规则来处理这种冲突。

对于层叠来说，共有三种主要的样式来源：浏览器对 HTML 定义的默认样式、用户定义的样式和开发者定义的样式。

其中，开发者定义的样式可以有三种形式：定义在外部文件(外链样式)、在页面的头部定义(内联样式)和定义在特定的元素身上(行内样式)。

用户定义的样式表会覆盖浏览器定义的默认样式，然后网页开发者定义的样式又会覆盖用户样式。CSS 另外提供了一个!important 关键字，用户可以通过使用这个关键字使自己定义的样式覆盖掉开发者定义的样式。因此，层叠采用以下次序重要度递减。

① 标有!important 的用户样式。

② 标有!important 的开发者样式。

③ 开发者样式。

④ 用户样式。

⑤ 浏览器/用户代理应用的样式。

如果两个规则的特殊性相同，那后定义的规则优先。

(2) 继承

CSS 的一个主要特征就是继承，它是指被包含在内部的标签将拥有外部标签的样式特征。例如，在<body>中定义了文本颜色为红色，该样式也会应用到内部段落的文本中。

继承这一特性非常有用，因为它可以使开发人员不必在每个元素的后代上添加同样的样式。例如，想实现所有元素颜色为红色，须设置以下代码。

```
p{color:red;}
li{color:red;}
h1{color:red;}
ol{color:red;}
…
```

上面的代码可以用一句简单的 body{color:red;}代码来实现。

不过，不是所有属性都能继承的。例如，border 属性是用来设置元素的边框的，它就没有继承性，还有 padding、margin 等属性都是不能继承的。

恰当地使用层叠可以简化 CSS，同样，恰当地使用继承也可以减少代码，大大提高开发效率。

5. 视觉格式化模型

CSS 视觉格式化模型是用来处理文档并将它显示在视觉媒体上的机制，这是 CSS 的一个核心的概念。视觉格式化模型根据 CSS 盒模型为文档的每个元素生成 0、1 或多个盒。每个盒的布局由下列内容组成。

(1) 盒尺寸：明确指定、受限或没有指定。

(2) 盒类型：行内、行内级别、原子行内级别和块盒。

(3) 定位方案：常规流、浮动或绝对定位。

(4) 树状结构中的其他元素：它的子代与同代。

除以上内容外，盒的布局还包括视口尺寸与位置、内含图片的固定尺寸，以及其他信息。

一个盒相对于它的包含块(有时又称父容器)的边界来渲染，通常盒为它的后代元素建立包含块。注意盒并不受它的包含块的限制，当它的布局跑到包含块的外面时称为溢出。

6. 块级元素与块级盒

当元素的 CSS 属性 display 为 block、list-item 或 table 时，它是块级元素。块级元素(比如＜p＞)视觉上呈现为块，竖直排列。

每个块级元素至少生成一个块级盒，称为主要块级盒。主要块级盒将包含后代元素生成的盒以及生成的内容。一些元素，比如＜li＞，生成额外的盒来放置项目符号，不过多数元素只生成一个主要块级盒。

块级盒模型是 CSS 中最重要的一个概念，定义了块级元素如何显示以及如何交互。网页中的每个元素都可以被看成是一个矩形区域，这个矩形区域由内容、填充、边框、边界组成，盒子模型的结构如图 3-6 所示。

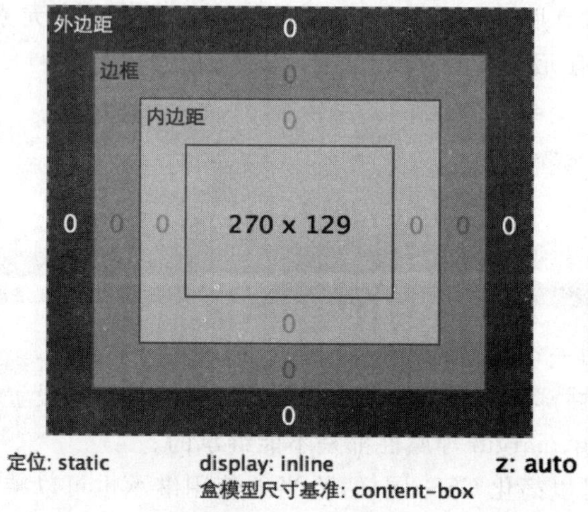

图 3-6 块级盒模型

图 3-6 所示是通过 Firefox 浏览器下 firebug 插件中的布局功能显示的一个基本的盒子模型结构图，由内而外由元素内容、内边距、边框和外边距组成。

图 3-6 中包括蓝色区域在内的整个范围是网页块级元素的大小。内边距是内容和边框之间的空间，包裹内容区域。如果在元素上添加背景，则背景会应用于由内容和内边距共同组成的范围。修改内边距、边框和外边距不会影响内容区域的范围，但是会改变元素整体的大小。

内容是指在块级元素中的显示内容的范围。在 W3C 标准中，通过 CSS 定义元素的宽度和高度，实际是定义了内容区域的宽度和高度；但是在早期的 IE 浏览器中，宽度和高度定义的范围是指内容、内边距和边框范围的总和。

内边距、边框和外边距可以对应于一个元素的上、右、下、左进行分别定义，也可以简单地对四个位置同时定义。外边距可以设置为负值，可以应用在很多种特殊场合。内边距、边框和外边距的设置是可选的，默认值一般为零，但是不同的浏览器的默认值会有所区别，可以在定义页面样式之前首先对元素的 margin 和 padding 等进行初始化，代码如下。

```
* {
  margin: 0;
  padding: 0;
}
```

这种对所有网页元素都设置样式的方法会对 option 等元素有负面的影响，一般建议在定义样式之前引用“reset,css”或者“normalize,css”这种重置样式库。

7. 行内级元素与行内盒

当元素的 CSS 属性 display 的计算值为 inline、inline-block 或 inline-table 时，称它为行内级元素。视觉上它将内容与其他行内级元素排列为多行。典型的如段落内容、文本(可以有多种格式)或图片，都是行内级元素。

行内级元素生成行内级盒，参与行内格式化上下文。参与生成行内格式化上下文的行内级盒称为行内盒。所有 display:inline 的非替换元素生成的盒是行内盒，而不参与生成行内格式化上下文的行内级盒称为原子行内级盒。这些盒由可替换行内元素，或 display 值为 inline-block 或 inline-table 的元素生成，不能拆分成多个盒。

8. 常规流和相对定位

CSS 引擎通过定位指定盒的位置，主要使用以下几种定位模型。

(1) 常规流盒一个接一个排列。

(2) 浮动方案将盒从常规流里提出来，放在当前盒的旁边。

(3) 绝对定位中的盒坐标是绝对的。绝对定位元素可以遮挡住使用其他定位方案的元素。

在常规流中，盒一个接着一个排列。在块级格式化上下文里面，它们纵向排列；在行内格式化上下文里面，它们横向排列。当 position 为 static 或 relative，并且 float 为 none 时，会触发常规流。

常规流分为静态定位和相对定位两种情况。

(1) 静态定位：position 值为 static，盒的位置是常规流布局里的位置。

(2) 相对定位：position 值为 relative，盒偏移位置由这些属性定义 top、bottom、left 和 right。即使有偏移，仍然保留原有的位置，其他常规流不能占用这个位置。

如果对一个元素进行相对定位，它将出现在它所在的位置上。然后，可以通过设置垂直或水平位置，让这个元素“相对于”它的起点进行移动。

如果将 top 设置为 20px，那么框将在原位置顶部下面 20px 的地方。如果将 left 设置为 30px，那么会在元素左边创建 30px 的空间，也就是将元素向右移动。相对定位的样例代码如下。

```
.my_div {
 background-color: #DDD;
 border: 1px dashed;
 width: 100px;
 height: 50px;
 margin: 5px;
}
#my_div_relative {
  position: relative;
  left: 30px;
  top: 20px;
}
<div class = "my_div"></div>
<div class = "my_div" id = "my_div_relative"></div>
<div class = "my_div"></div>
```

相对定位是相对于元素原来位置的定位，根据 CSS 中设置的 left 和 top 进行移动，如图 3-7 所示。

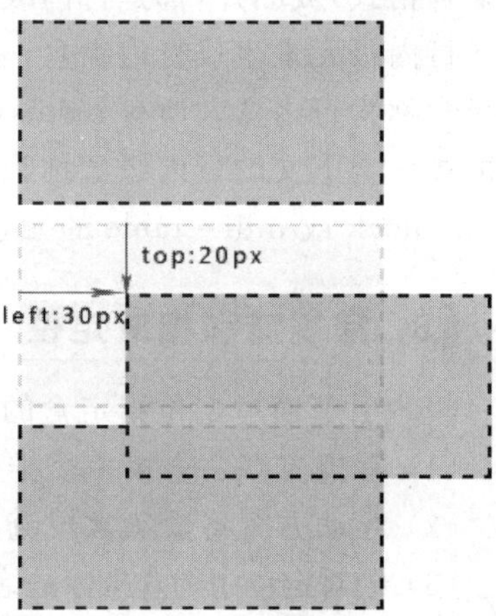

图 3-7 相对定位

9. 绝对定位

对于绝对定位方案，盒从常规流中被移除，不影响常规流的布局。它的定位相对于它的包含块，相关的 CSS 属性有 top、bottom、left 和 right。

如果元素的属性 position 为 absolute 或 fixed，它是绝对定位元素。

固定定位元素也是绝对定位元素，它的包含块是视口。当页面滚动时它固定在屏幕上，因为视口没有移动。

设置为绝对定位的元素框从常规流中完全删除，并相对于其包含块定位，包含块可能是文档中的另一个元素或者是初始包含块。元素原先在正常文档流中所占的空间会关闭，就好像该元素原来不存在一样。元素定位后生成一个块级框，而不论原来它在常规流中生成何种类型的框。

绝对定位使元素的位置与文档流无关，因此不占据空间。绝对定位的元素的位置相对于最近的已定位祖先元素，如果元素没有已定位的祖先元素，那么它的位置相对于最初的包含块。绝对定位的样例代码如下。

```
.my_div {
 background-color: #DDD;
 border: 1px dashed;
 width: 100px;
 height: 50px;
 margin: 5px;
}
#my_div_absolute {
  position: absolute;
  left: 30px;
  top: 20px;
}
<div class="my_div">div1</div>
<div class="my_div" id="my_div_absolute">div2</div>
<div class="my_div">div3</div>
```

图 3-8 所示的是绝对定位示例，id 为 my_div_absolute 的 DIV 元素脱离常规流，相对于最近的祖先元素定位，覆盖住另外两个 DIV 元素。

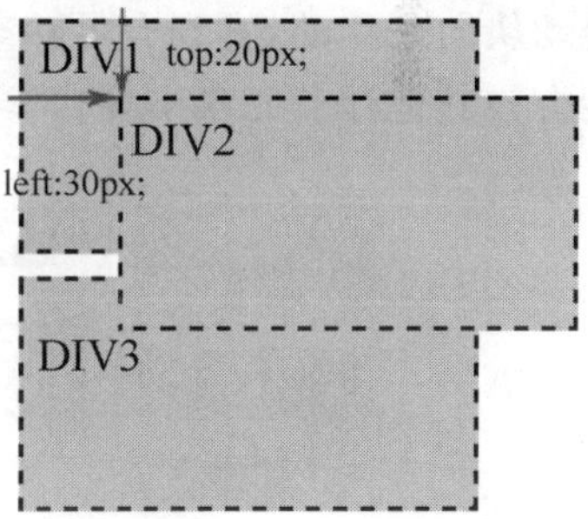

图 3-8 绝对定位示例

10. 浮动

浮动的框可以向左或向右移动，直到它的外边缘碰到包含框或另一个浮动框的边框为止。由于浮动框不在文档的普通流中，所以文档的普通流中的框表现得就像浮动框不存在一样。

要使用浮动定位方案，元素 CSS 属性 position 为 static 或 relative，然后设置 float 不为 none。如果 float 设为 left，浮动由行内盒的开头开始定位。如果设为 right，浮动定位在行内盒的末尾。

对于浮动定位方案，盒称为浮动盒，它位于当前行的开头或末尾，这导致常规流环绕在它的周边，除非设置 clear 属性。

如图 3-9 所示，当 DIV1 向右浮动时，此元素脱离文档流并且向右移动，直到它的右边缘碰到包含框的右边缘。

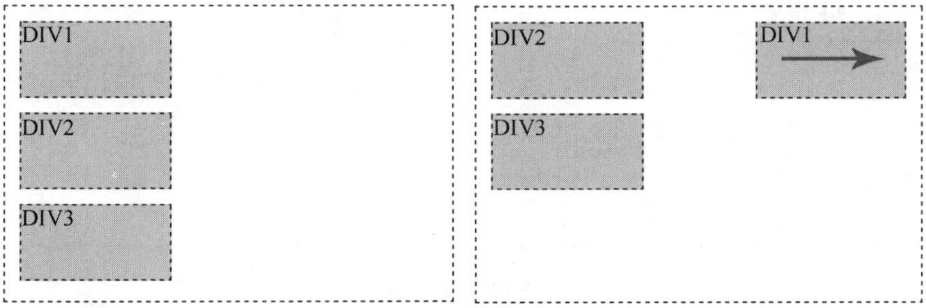

图 3-9 向右浮动

如图 3-10 所示，当 DIV1 向左浮动时，它脱离文档流并且向左移动，直到它的左边缘碰到包含框的左边缘。此外，由于此时 DIV1 不再处于常规流中，所以它不占据空间，覆盖了 DIV2，使 DIV2 从页面中消失。当三个 DIV 同时向左浮动时，DIV1 首先左浮动并且碰到父元素包含框，另外两个框向左浮动直到碰到前一个浮动框。

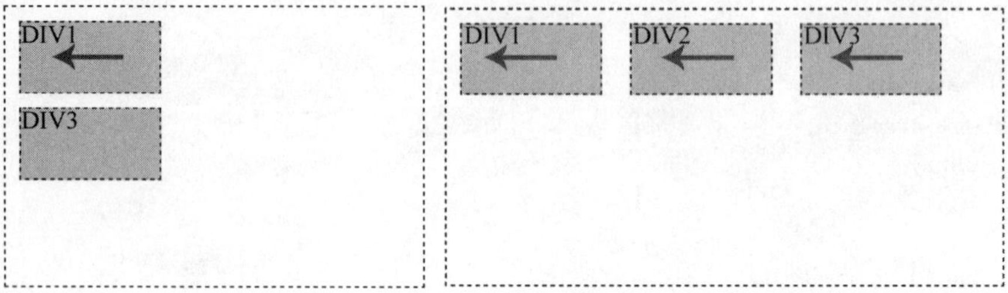

图 3-10　向左浮动

如图 3-11 所示，如果祖先元素宽度不足，不能容纳水平排列的 3 个浮动元素，那么其他浮动块向下移动，直到有足够空间的地方。如果浮动元素的高度不同，当它们向下移动时可能会被其他浮动元素卡住。

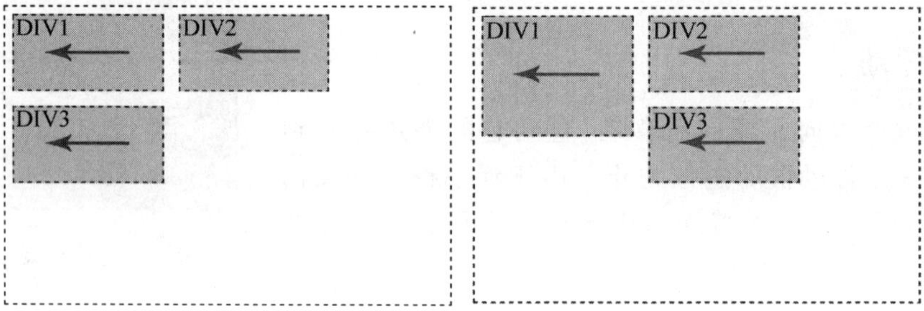

图 3-11　狭窄祖先元素下的左浮动

通过浮动技术还可以对图文进行混排。如果浮动框（图像）后面有行框（文本）则浮动框旁边的行框被缩短，给浮动框留出空间，形成文本框围绕浮动框，实现图文混排效果，如图 3-12 所示。

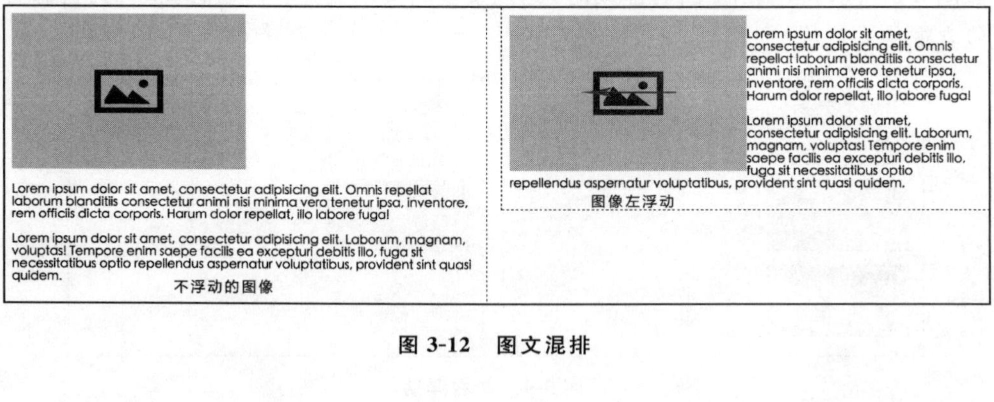

图 3-12　图文混排

在实际网页设计过程中，经常会用到图片浮动到文本块的左边，并且需要将文本和图片包含在另外一个具有背景颜色和边框的元素中，一般会使用以下代码。

```
.container {
 border: 1px dashed;
 width: 600px;
 background - color: gray;
}
.container img{
 float: left;
}
.container p {
 width: 330px;
 float: right;
}

<div class = "container">
  <img src = "default.png" alt = "图像">
  <p> Some text.</p>
</div>
```

由于以上代码中的<img>和<p>两个元素的浮动脱离了文档流，所以包围图片和文本的包含框不占据空间。如果想让包含元素在视觉上包围浮动元素，一般可以通过以下三种方法。

(1) 为被包含内容区域添加一个空元素，并且设置 clear 属性清除。

(2) 在包含内容的容器元素上设置 overflow(溢出)属性，值设置为 hidden 或 auto。

(3) 浮动包含的容器元素，如以上代码则需要在 container 元素的 CSS 样式中设置 float 属性。

图 3-13 为容器不包含浮动元素的原始效果；图 3-14 展示了使用以上三种方法后父容器包含子元素被“撑开”的页面效果。

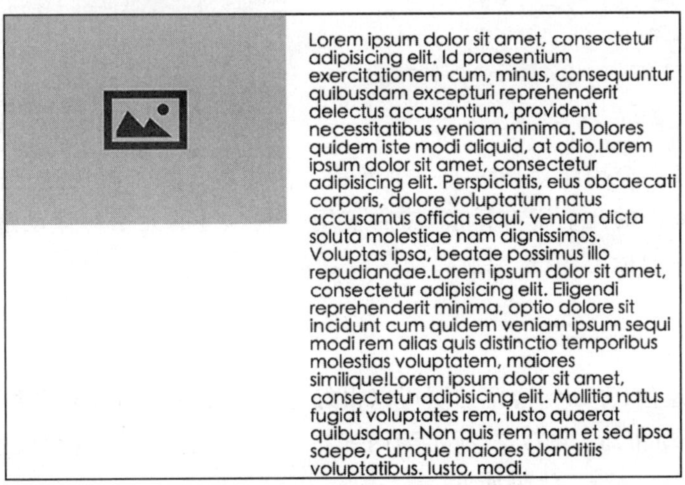

图 3-13　容器元素不包含浮动元素

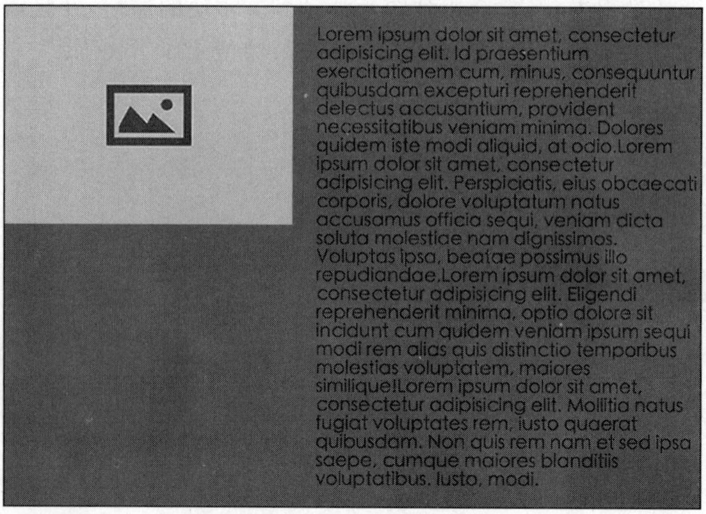

图 3-14　父容器包围浮动元素

添加空元素并设置 clear 属性的代码如下。

```
#在 CSS 定义部分添加
.clear {
  clear: both;
}
#在 HTML 部分添加
<div class = "clear"></div> 或者<br class = "clear">
```

使用添加空元素的方法可以产生所需要的效果，但是会添加多余的代码。

如果使用 overflow 方法，则可在包含框上使用以下 CSS 代码。

```
.container {
  #添加以下 CSS
  overflow: hidden;
}
```

直接在包含框上应用浮动会对下一个元素产生影响。为了解决这个问题，有些情况下需要选择浮动布局中的几乎所有元素，然后使用一些合适的元素对浮动进行清除。这有助于减少或消除多余的标记，但是会让浮动变得复杂。

11. 布局

利用 CSS 的定位、浮动和边距控制可以很好地实现布局。布局有多种结构，如两列的浮动布局、三列的浮动布局。图 3-15 所示为两列布局效果，左侧红色区域设置 float:left；右侧绿色区域设置 float:right。代码如下。

```
<style>
.container{
    width: 950px;
    margin: 0 auto;
}
.main{
    float: left;
    width: 650px;
    height: 500px;
    background-color: red;
}
.sidebar{
    float: right;
    width: 280px;
    height: 500px;
    background: green;
}
</style>
<!-- 以下为 body 部分内容 -->
<div class="container">
    <div class="main"></div>
    <div class="sidebar"></div>
</div>
```

图 3-15　两列布局

上例中元素的宽度以像素为单位，这种布局类型称为固定宽度的布局。这种布局很常见，但是缺点是无论窗口的尺寸有多大，它们的尺寸始终不变，屏幕尺寸小时需要滚动来显示完整内容，当屏幕尺寸大时又浪费了很多可用空间。为了解决这种问题，人们提出了流式布局或弹性布局。

流式布局的尺寸不是用像素，而是用百分数来设置的。它使内容随着浏览器窗口变大而增大宽度，随着浏览器窗口变小而减小宽度。

例如，下面的代码可以实现流式布局的效果，如图 3-16 所示。

```
.main{
    float: left;
    width:75 %;
    height: 500px;
    background - color: red;
}
.sidebar{
    float: right;
    width: 24 %;
    height: 500px;
    background: green;
}
```

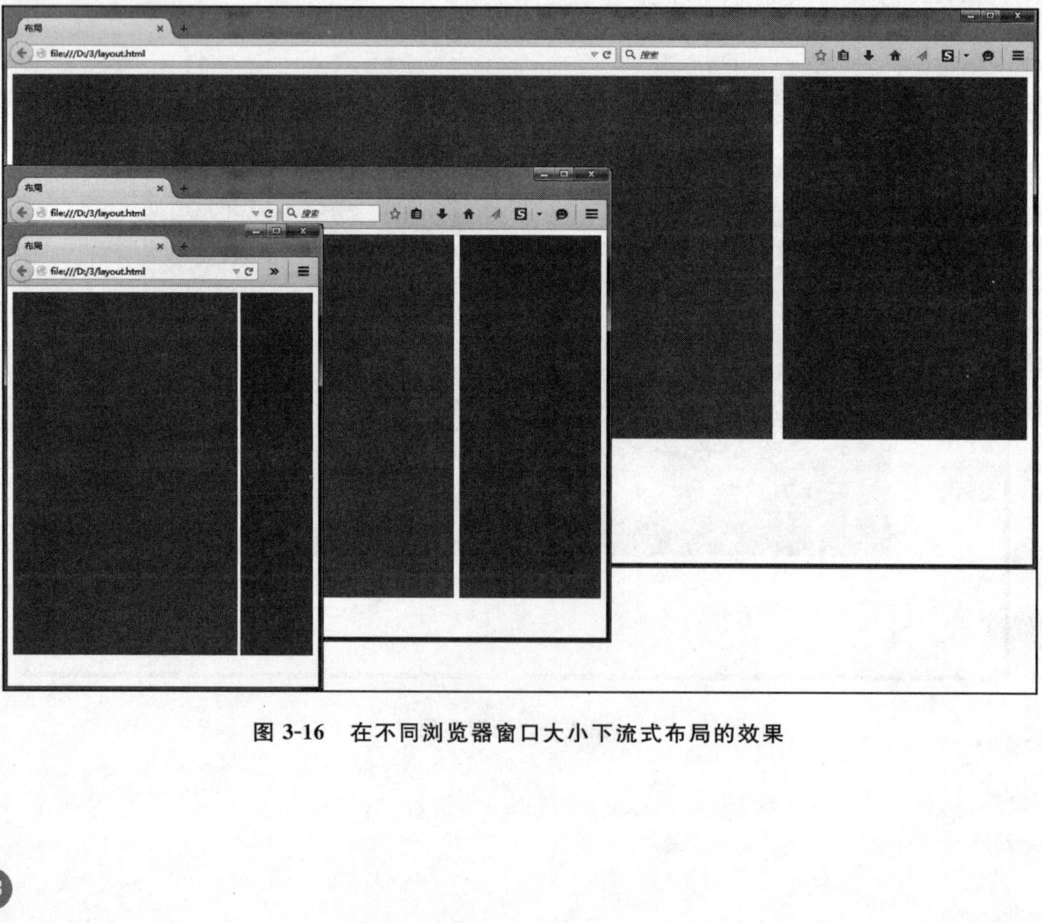

图 3-16 在不同浏览器窗口大小下流式布局的效果

流式布局也有缺陷，就是在窗口宽度较小时，行会变得非常窄，不便于阅读。因此，可以设置 min-width 属性来防止布局变得太窄。同样的道理，为了防止行变得过长，可以设置 max-width 属性来限制最大宽度。或者设置一定百分比的内外边距也可以防止列变得过宽。

以下代码设置了最大和最小宽度，限制了内容过宽或过窄的情况。

```
.container{
    width: 100%;
    max-width: 100em;
    min-width: 40em;
    margin: 0 auto;
}
```

弹性布局相对于字号(而不是浏览器宽度)来设置元素的宽度。它以 em 为单位设置宽度。字号在增大时，整个布局的宽度就会随之增大。这样，行长可以保持在可阅读的范围。

一般默认浏览器字号为 16px，10px 大约是 16px 的 62.5%，所以<body>的字号设置 62.5%，width 设置为 920px 时，就可以用 92em 表示了。

以下代码实现了弹性布局的效果，它会随着文本字号的增加而增大。max-width 限制布局过宽。现在很多浏览器支持默认页面缩放，但是对于老式浏览器，可能需要考虑使用弹性布局。

```
body{
    font-size: 62.5%;
    text-align: center;
}
.container
{   width: 92em;
    max-width: 95%;
    margin: 0 auto;
}
.main{
    float: left;
    width:75%;
    height: 500px;
    background-color: red;
}
.sidebar{
    float: right;
    width: 24%;
    height: 500px;
    background: green;
}
```

12. 框架布局

CSS 框架能够使开发人员快速精准地设计出 DIV+CSS 布局，它具有如下优势。

(1) 大大加快开发时间。

(2) 文件体积非常小。

(3) 有丰富的文档和教程。

(4) 具有清洁的结构网络。

不过，它也有自身的缺陷。首先必须学习框架的标签，对于刚入门的学习者来说不仅要学习底层语言，还要学习额外的框架，要求似乎有点高。另外，它们要求在设计中必须使用特定的网格结构。如果选用了某个框架，你可能会在每一个项目中都使用它，从而使我们的思维方式和设计显得有点僵化。

目前比较流行的 CSS 框架有 960 CSS 框架、Blueprint CSS 框架、雅虎 YUI Grids 框架等。

▶ 任务实施

小黄需要做出如图 3-1 所示的布局效果。在制作过程中，分别采用三种方式来设置。第一种是采用固定宽度的布局方法；第二种是采用自适应屏幕大小的流式布局方法；最后用已有的 960 CSS 框架来实现快速布局。

1. 设计网页固定宽度的布局

进行网页布局时，首先需要利用固定宽度来布局。设置内容宽度为 1020px，框架主要分为头部、主体和底部三大块，其中主体部分分为左侧产品图片列表，右侧为新闻列表，具体操作步骤如下。

(1) 添加文本内容

分别以类 header、类 main 和类 footer 定义头部、中间和底部三个区域，中间采用两列布局，HTML 代码如下。

```
<div class = "container">
        <div class = "header">这里是头部</div>
        <div class = "pagebody">
             <div class = "main">这里是产品图片列表</div>
             <div class = "sidebar">这里是侧栏新闻列表</div>
        </div>
        <div class = "footer">这里是底部</div>
</div>
```

(2) 设置样式

为了看到实际效果，在这里设置了高度和背景色。因为是固定宽度布局，width 设置为具体的像素值 1020px。产品图片列表在左侧，设置 float 属性值为 left，右侧的新闻列表

float 属性值为 right,代码如下。

```
.container{
    width: 1020px;
    margin: 0 auto;
}
.header{
    width: 1020px;
    height: 100px;
    background-color: #999;
}
.main{
    width: 800px;
    height: 400px;
    background-color: red;
    float: left;
}
.sidebar{
    width: 200px;
    height: 400px;
    background-color:green;
    float: right;
}
.footer{
    width: 1020px;
    height: 50px;
    background-color: #999;
}
```

此时,底部信息并没有在最下面出现,如图 3-17 所示。这是因为前面元素设置浮动后脱离了文档流,遮住了后面元素。可以设置 pagebody 的 overflow 属性值为 hidden 来解决该问题,代码如下。

```
.pagebody{
    overflow: hidden;
}
```

此时,便实现了固定宽度的简单布局。

2. 根据浏览器窗口尺寸自适应的布局

采用固定宽度的布局有一些缺陷,它不能随着浏览器窗口尺寸的变化而自动调整布局,存在着浪费屏幕空间或是将行变得很窄而不便阅读的问题。下面制作一个能够随着浏览器窗口尺寸的变化进行自适应调整的布局,效果如图 3-18 所示。

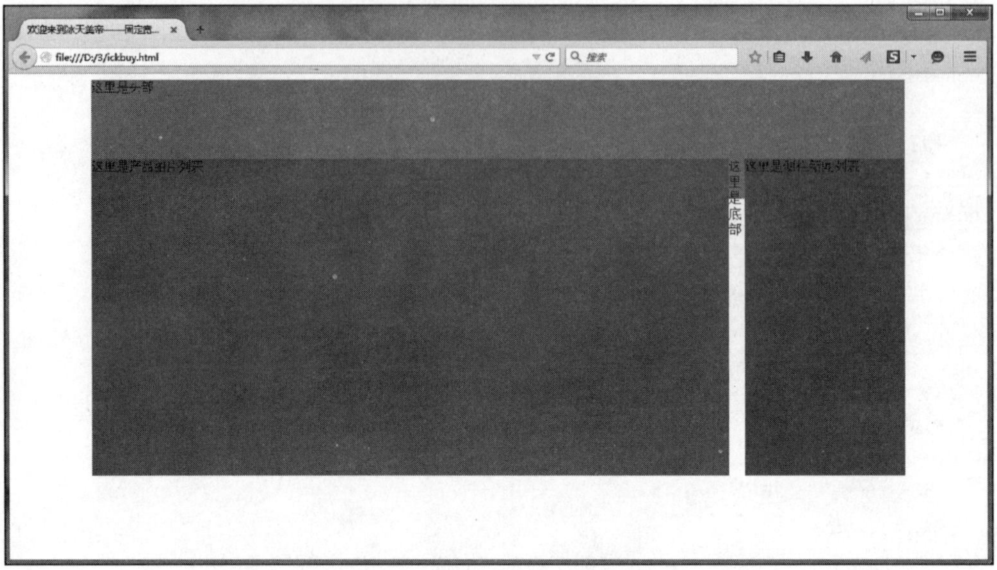

图 3-17　错位的布局显示

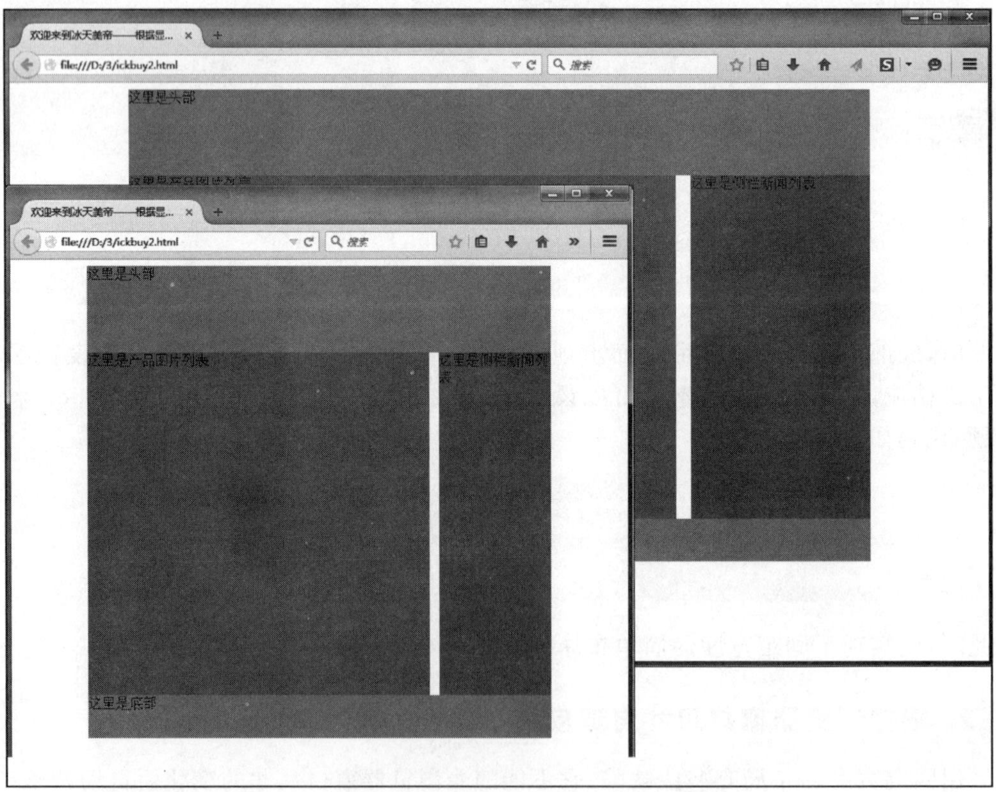

图 3-18　根据浏览器窗口尺寸自适应的布局效果

制作根据浏览器窗口尺寸自适应的布局操作步骤如下。

(1) 添加文本内容

本部分代码同“设计网页固定宽度的布局”中“添加文本内容”中的代码。

(2) 设置 CSS 样式

大多数浏览器窗口宽度设置为 1250px。在“设计网页固定宽度的布局”中,我们设置的固定宽度是 1020px,那么使用的百分数是 1020÷1250×100%=81.6%。类 main 部分设置了 74%的宽度;类 sidebar 设置了 24%的宽度;剩下的 2%作为它们的间隙空间,代码如下。

```
.container{
    width: 81.6%;
    margin: 0 auto;
}
.header{
    width:  100%;
    height: 100px;
    background-color: #999;
}
.pagebody{
    overflow: hidden;
}
.main{
    width: 74%;
    height: 400px;
    background-color: red;
    float: left;
}
.sidebar{
    width: 24%;
    height: 400px;
    background-color:green;
    float: right;
}
.footer{
    width: 100%;
    height: 50px;
    background-color: #999;
}
```

(3) 设置最大最小宽度

此时,该布局能够恰当地伸缩,但是,当窗口过大或过小时,行会随之过宽或过窄。为了使得文本行的长度适合阅读,可以在 container 中增加 max-width 和 min-width 属性,代码如下。

```
max-width: 140em;
min-width: 50em;
```

至此,一个便于阅读的流式布局就实现了。

3. 利用 CSS 框架快速布局

利用已有的 960 CSS 框架实现快速布局的操作步骤如下。

(1) 引入样式文件

在 http://960.gs/中可以下载框架文件包,下载后需要将相关的 CSS 文件导入项目,用以下代码来实现。

```
<link rel="stylesheet" type="text/css" href="css/reset.css">
<link rel="stylesheet" type="text/css" href="css/960.css">
<link rel="stylesheet" type="text/css" href="css/text.css">
```

我们往往需要在此框架的基础上增加或修改样式,使它成为我们想要的效果。不过,建议大家不要直接编辑 960.css 文件;否则,将来就不能更新这个框架。正确的做法是创建一个自己的独立的 CSS 文件,代码如下。

```
<link rel="stylesheet" type="text/css" href="css/ickbuy_960.css">
```

(2) 应用框架样式

在 960 CSS 框架中,可以选择名为.container_12、.container_16 和.container_32 的容器 class。.container_X 中的 X 表示将页面分成 X 等份,例如,.container_12 表示将页面进行 12 等分;.container_16 表示将页面进行 16 等分。960 CSS 框架中有 12、16、24、32 四种布局方式,这些 960px 宽的容器是水平居中的,此处我们选择容器为 12 列,代码如下。

```
<div class="container_12">
    <div class="grid_12 header">这里是头部</div>
    <div class="grid_9 main">这里是产品图片列表</div>
    <div class="grid_3 sidebar">这里是侧栏新闻列表</div>
    <div class="grid_12 footer">这里是底部</div>
</div>
```

grid_12 表示占 12 列。main 和 sidebar 使用了 grid_9 和 grid_3,表示分别占 9 列和 3 列,它们刚好占满整行 12 列,效果如图 3-19 所示。

为了得到如图 3-1 所示的效果,在 ickbuy_960.css 文件中还需要加上自定义的样式。为元素定义另外的类名称,并设置高度和背景色,代码如下,就可以出现如图 3-1 所示页面效果。

```
.header{
    height: 100px;
    background-color: #999;
}
.main{
    height: 400px;
    background-color: red;
}
.sidebar{
    height: 400px;
    background-color:green;
}
.footer{
    height: 50px;
    background-color: #999;
}
```

图 3-19　应用 960 CSS 框架后效果

实训　布局实训

▶ 实训目的

熟悉并掌握布局的方法，掌握背景的设置技巧。

▶ 实训内容

利用前面介绍的技术和方法，制作出如图 3-20 所示的固定宽度布局效果，其中侧栏新闻列表具有渐变背景。

图 3-20 固定宽度的两列布局效果

▶ 实训步骤

1. 设计思路

这里有两列布局，左侧的产品图片列表设置为左浮动；右侧的新闻列表部分设置为右浮动。清除浮动可以采用本项目中介绍的方法。整个页面有灰色背景，在设置背景图片时选择 reapeat-y 即可。在右侧新闻列表中有渐变背景，这里需要素材图片 nav_bg. png，这是一个水平方向上渐变的 200px×1px 的素材图片。（在项目 4 中有关于背景图片的介绍）

2. HTML 代码

HTML 代码如下。

```
<div class = "container">
    <div class = "header">这里是头部</div>
    <div class = "pagebody">
        <div class = "main">这里是产品图片列表</div>
        <div class = "sidebar">这里是侧栏新闻列表</div>
    </div>
    <div class = "clear"></div>
    <div class = "footer">这里是底部</div>
</div>
```

3. 设置样式

设置样式的代码如下。

```
body{
    background-color: #bbb;                       /* 整个页面灰色背景 */
}
.container{
    background-color: white;
    width: 1020px;                                /* 设置固定宽度为 1020px */
    margin: 0 auto;                               /* 居中 */
}
.header{
    width: 1020px;
    height: 100px;
    background-color: #999;
}
.pagebody{
    overflow: hidden;
}
.main{
    width: 800px;
    height: 400px;
    float: left;
}
.sidebar{
    width: 200px;
    height: 400px;
    background-image: url(images/nav_bg.png);     /* 设置背景图像 */
    background-repeat:repeat-y;                   /* Y 轴重复显示 */
    float: right;
}
.footer{
    width: 1020px;
    height: 50px;
    background-color: #999;
}
```

这样就实现了如图 3-20 所示的效果。

项 目 总 结

本项目中介绍了 CSS 的基本概念，列举了 CSS 的常用属性，介绍了层叠与继承的概念，介绍了选择 CSS 选择器的方法，讲解了块级元素、行内元素的含义，最后介绍定位、浮动、浮动的清除以及三种布局的方法。

布局是网页设计的基础，掌握了定位、浮动和边距的含义及设置，那么创建自己满意的布局就很容易了。

课 后 练 习

1. 准备图片文件 bg. png,制作出如图 3-21 所示的三列固定宽度布局效果。

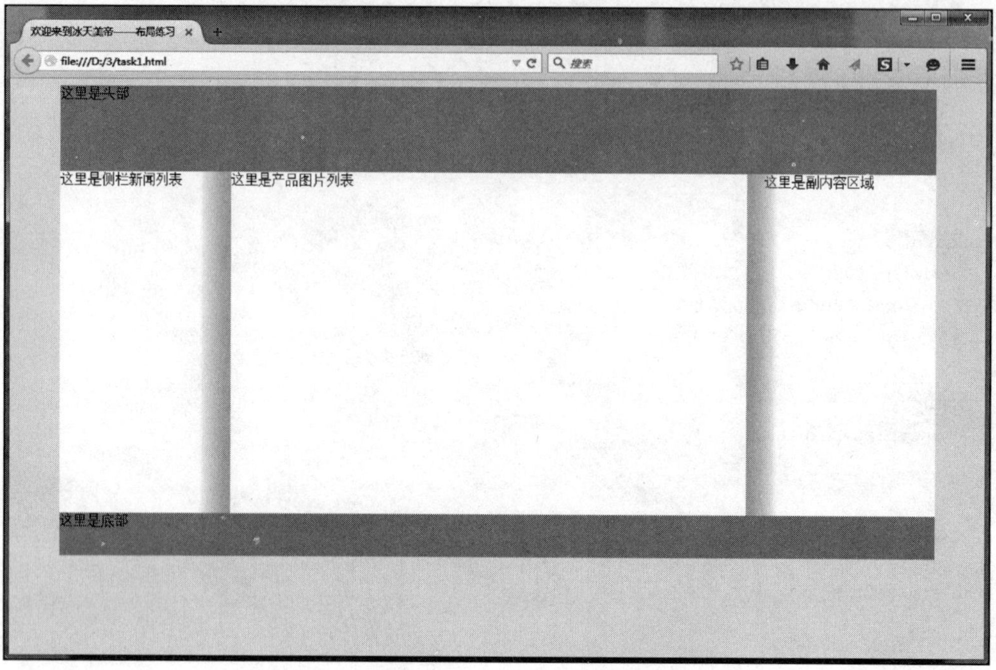

图 3-21　三列布局效果

2. 利用 960 CSS 框架做出如图 3-21 所示的布局效果。
3. 尝试利用流式布局方式重新设计图 3-21 所示的布局。

项 目 4

对链接应用样式

知识目标

- 了解链接状态的种类。
- 了解背景的属性。
- 了解特殊链接下划线的设置方法。
- 了解按钮式链接的设置方法。

技能目标

- 掌握常用链接状态的样式设置。
- 能够通过选择器设置不同链接对象的样式。
- 掌握背景的设置技巧。
- 能够利用背景设置特殊的链接效果。
- 能够对链接对象设置按钮式效果。

素养目标

- 培养自学的能力。
- 提高网页设计的学习兴趣。
- 培养团结协作的精神。

任务 修改链接样式

▶ 学习情境

在掌握页面布局的技术后，小黄发现添加了 HTML 内容的链接部分默认样式很不美观，需要对页面链接的样式进行修改。

本任务首先介绍几种链接状态的样式设置；再介绍 CSS 背景的属性，利用背景为链接元素设置不同的效果；最后介绍按钮式链接的制作方法。

▶ 任务描述

页面中的未访问链接和已访问链接文字都是深灰色，除了导航菜单的鼠标悬停颜色不变，其他鼠标悬停颜色为#BB0F73；新闻列表后面的文字“更多”需要右对齐，字号略小；产品图片列表中的“加入购物车”需要设置成按钮式链接效果。效果如图 4-1 所示。

本任务的主要内容如下。

(1) 修改链接默认样式。

(2) 用样式区分不同链接。

(3) 创建按钮式链接。

问题引导：

(1) 如何修改链接的默认样式？

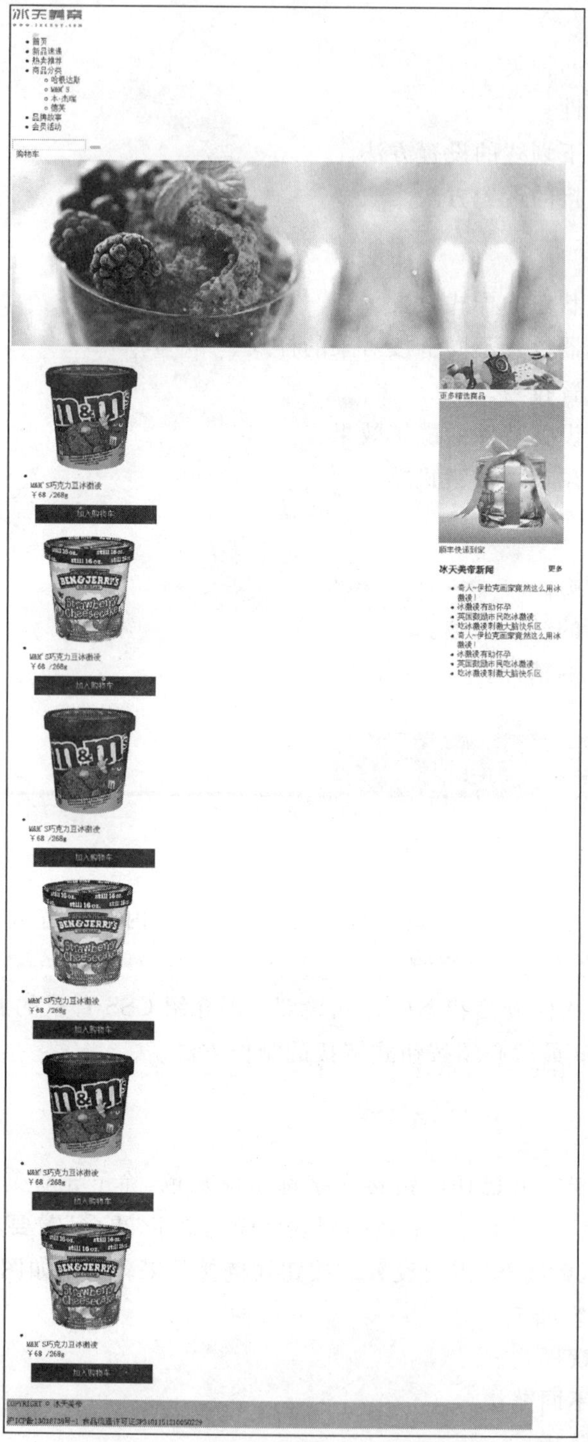

图 4-1　修改默认链接后的效果

（2）修改特殊链接样式应采用什么选择器？

（3）如何实现在一个区域内都是链接的点击范围？

▶ 任务知识

超链接是指从一个网页指向一个目标的连接关系。正是因为超链接，才使得网页可以互联，这是万维网的基础。在一个网页中用做超链接对象的可以是一段文本或者是一个图片。不过默认的链接效果看起来比较沉闷，而CSS样式却可以让它们变得美观起来。

1. 链接样式

链接的特殊性在于能够根据它们所处的状态来设置它们的样式，链接有以下状态。

（1）a:link 指普通的、未被访问的链接。

（2）a:visited 指用户已访问的链接。

（3）a:hover 指鼠标指针位于链接的上方。

（4）a:active 指链接被点击的时刻。

（5）a:focus 指链接对象获得焦点时。

a:link 用来寻找没有被访问过的链接。a:visited 用来寻找被访问过的链接。a:hover 用来寻找鼠标悬停处的元素。a:active 用来寻找被激活的元素，即链接被单击时。如果需要定义鼠标悬停状态，但是通过键盘移动到链接上，就需要设置 a:focus。

代码"<a href="#">这里是一段链接文字</a>"，默认实现的效果如图 4-2 所示。

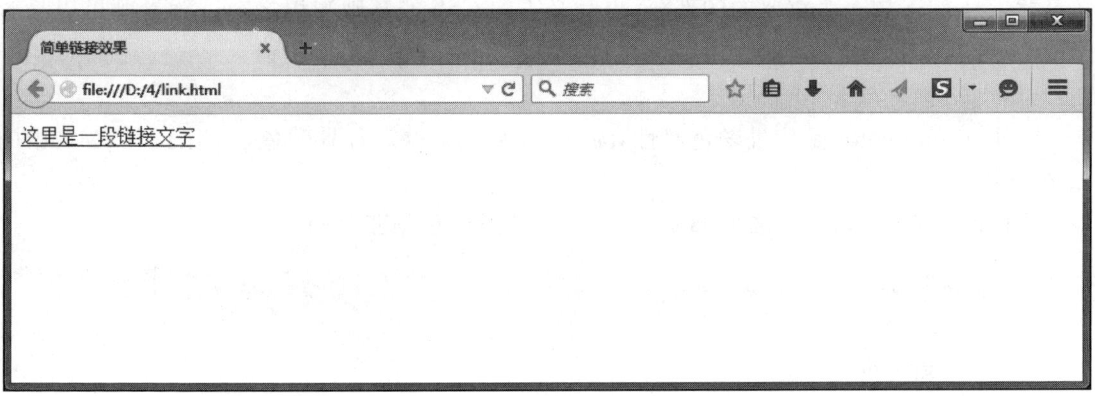

图 4-2 默认链接的效果

通过以下代码可以修改链接的默认样式，实现的效果如图 4-3 所示。

```
a:link,a:visited{
    color: red;
    text - decoration: none;
    font - weight: bold;
}
```

```
a:hover,a:focus,a:active{
    text - decoration: underline;
    font - weight: bold;
}
```

图 4-3 修改样式后链接的效果

在定义样式时，最好按照以下顺序来定义：a:link→a:visited→a:hover→a:focus/a:active。

2. 背景

背景是 CSS 中一个重要的的部分，也是必需的 CSS 的基础知识之一。背景既可以是彩色背景，也可以是图片背景。

(1) background-color

background-color 是背景颜色属性，为 HTML 元素设定背景颜色，相当于 HTML 中的 bgcolor 属性。

下面的代码表示 body 这个 HTML 元素的背景颜色是蓝色的。

```
body {background - color: #25B0F3;}
```

(2) background-image

background-image 是背景图片属性，为 HTML 元素设定背景图片，相当于 HTML 中的 background 属性。

下面的代码为 body 这个 HTML 元素设定了一个背景图片。

```
body { background - image: url(img/5 - 4.png);}
```

(3) background-repeat

background-repeat 是背景重复属性，它和 background-image 属性联合使用以决定背景图片是否重复。如果只设置 background-image 属性，没设置 background-repeat 属性，则图片既横向重复,又纵向重复。

- repeat-x:背景图片横向重复。
- repeat-y:背景图片纵向重复。
- no-repeat:背景图片不重复。

下面的代码表示图片横向重复。

```
body {
    background-image: url(img/5-4.png);
    background-repeat: repeat-x;
}
```

(4) background-attachment

background-attachment 是背景附着属性,它和 background-image 属性联合使用以决定图片是跟随内容滚动还是固定不动。这个属性有两个值,一个是 scroll,一个是 fixed,默认值是 scroll。

下面的代码表示图片固定不动,不随内容滚动而动。

```
body {
    background-image: url(img/5-4.png);
    background-repeat: repeat-x;
    background-attachment:fixed;
}
```

(5) background-position

background-position 是背景位置属性,它和 background-image 属性联合使用以决定背景图片的最初位置。

下面的代码表示背景图片的初始位置距离网页最左面 50px,距离网页最上面 70px。

```
body {
    background-image: url(img/5-4.png);
    background-repeat: no-repeat;
    background-position: 50px 70px;
}
```

(6) background

background 是背景属性,它是设置背景相关属性的一种快捷的综合写法,包括 background-color、background-image、background-repeat、background-attachment、background-position 等属性。

下面的代码表示网页的背景颜色是蓝色,有背景图片,并且背景图片横向重复显示,不随内容滚动而动,背景图片距离网页最左面 50px,距离网页最上面 70px。

```
body {
    background: #25B0F3 url(img/5 - 4.png) repeat - x fixed 50px 70px;
}
```

3. 创建奇特的链接下划线

利用背景图像可以为链接创建不一样的下划线效果。在本例中有两个素材文件，下划线图像 underline.png 和具有动画的 underline-hover.gif，可以使用下面代码实现奇特的链接下划线效果。

```
<style type = "text/css">
    a:link,a:visited{
        color: #666;
        text - decoration: none;
        background: url(images/underline.png) repeat - x left bottom;
    }
    a:hover,a:focus,a:active{
        background - image: url(images/underline - hover.gif);
    }
</style>
<! -- 下面为 body 部分 -->
<p><a href = "http://www.sina.com.cn">新浪网</a></p>
<p><a href = "http://www.whit.ah.cn">芜湖职业技术学院</a></p>
```

效果如图 4-4 所示。

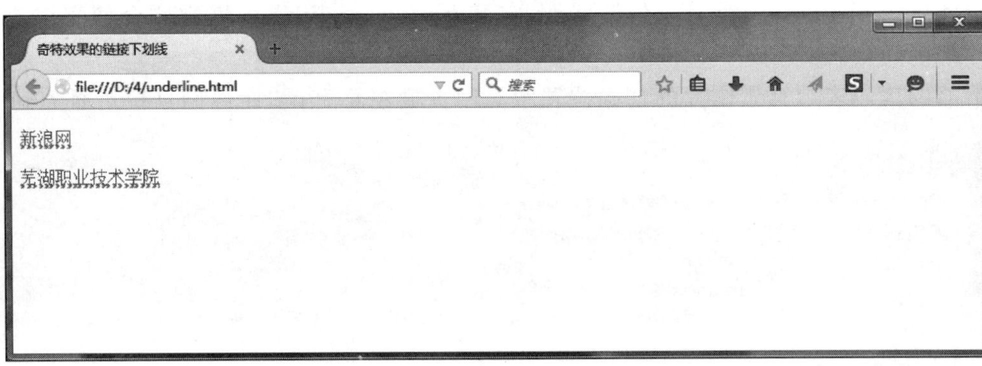

图 4-4　奇特的链接下划线效果

当鼠标悬停在链接上或单击链接时，就出现了 underline-hover.gif 图像箭头从左向右滚动的动画效果。

有时，我们希望突出显示某一个或某一类链接地址，如电子邮件的链接一般和页面其他链接样式不一样，可以只为该链接创建独特的样式，这时候需要用到 CSS 3 中的属性选择器。例如，只希望对“芜湖职业技术学院”的链接产生特殊下划线效果，可以使用以下代码。

```
<style>
    a[href = "http://www.whit.ah.cn"]:hover,a:visited{
            color: #666;
            text-decoration: none;
            background: url(images/underline.png) repeat-x left bottom;
    }
</style>
<!-- 下面为 body 部分 -->
<p><a href = "http://www.sina.com.cn">新浪网</a></p>
<p><a href = "http://www.whit.ah.cn">芜湖职业技术学院</a></p>
```

这时,"芜湖职业技术学院"就具有特殊下划线效果;"新浪网"依然采用默认的链接样式,如图 4-5 所示。

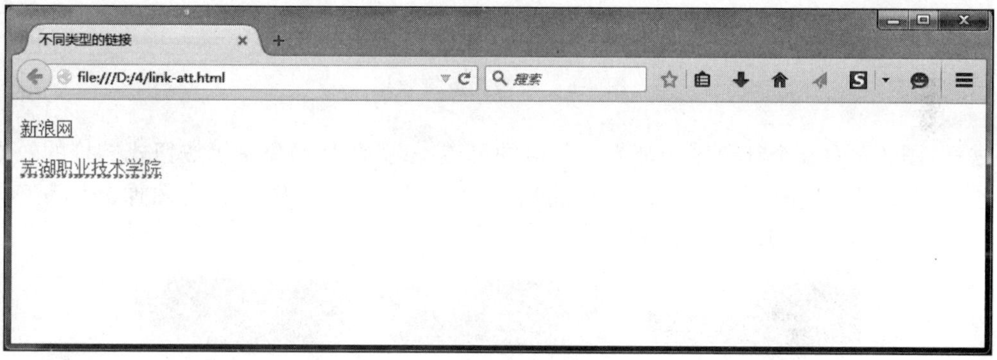

图 4-5　不同类型链接效果

4. 创建按钮式链接

我们还可以将 a 元素设置成像按钮一样的效果,让它的可点击区域更大。但是 a 元素是行内元素,我们需要修改 display 属性为 block,并通过修改 width 和 height 等属性来创建我们所需要的样式效果。

按钮式链接的代码如下,效果如图 4-6 所示。

```
<style>
  a{
        display: block;
        width: 6.6em;
        line-height: 1.8em;
        text-align: center;
        text-decoration: none;
        border: solid 1px #BB0F73;
        background-color: #D5077F;
        color: #fff;
  }
```

```
</style>
<! -- 下面为 body 部分 -->
<a href = "#">点击购买</a>
```

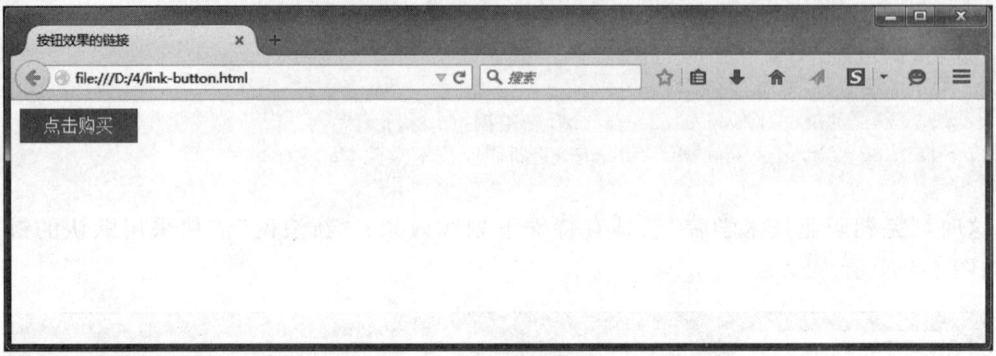

图 4-6　按钮式链接效果

这样，图 4-6 中整个红色区域都为该链接的可点击范围，从而显示了按钮式链接的效果。

也可以使用背景图像为按钮设置更加复杂的效果。图 4-7 中的三个图像分别用于默认链接状态、鼠标悬停状态和激活状态。

默认时的红色背景　　鼠标悬停时的蓝色背景　　激活时的绿色背景

图 4-7　图像素材

下面的代码可实现如图 4-8 所示的图像翻转效果，默认时链接为红色背景，鼠标悬停时为蓝色背景，激活时为绿色背景。

```
<style type = "text/css">
    a:link,a:visited{
        display: block;
        width: 240px;
        line-height:72px;
        text-align: center;
        text-decoration: none;
        background-image: url(images/button.png);
        color: #fff;
    }
    a:hover,a:focus{
        background-image: url(images/hover.png);
    }
    a:active{
        background-image: url(images/active.png);
```

```
    }
</style>
<! -- 下面为 body 部分 -->
<a href = "#">点击购买</a>
```

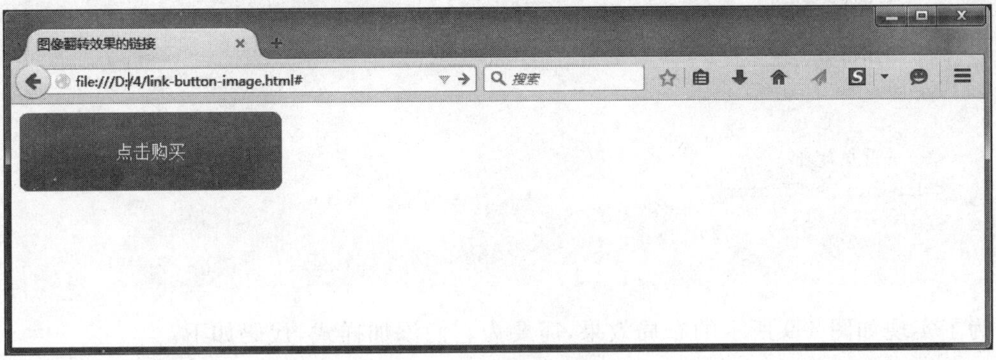

图 4-8 翻转图像的链接效果

图 4-8 中实现了圆角边框效果，在项目 7 中将会介绍 CSS 3 的新增属性 border-radius。该属性可以在不使用背景图像的条件下设置圆角边框。还可以结合 box-shadow 为元素添加阴影。

▶ 任务实施

下面介绍利用无序列表完成新闻列表、导航栏和商品图片列表的结构。利用边框设置新闻列表下边线，利用背景图和内间距的结合产生列表项目图片符号；利用浮动产生导航栏链接的水平排列；利用背景图形成链接之间的分隔效果；通过对列表样式的设置来达到图片列表和图片标题顺序排列的效果。

1. 修改链接默认样式

将页面中所有的链接样式进行修改，设置未访问和已访问颜色为 #36332E，没有下划线，但是当鼠标悬停时，颜色值为 #BB0F73。

(1) 设置布局

设置如图 4-9 所示的布局结构，下面为其 HTML 框架。

```
<div class = "container">
    <! -- 首页头部 -->
    <div class = "header - bg">
    </div>

    <! -- 首页 banner -->
    <div class = "banner center">
```

```
    </div>

    <!-- 首页主体 -->
    <div class="main center">
        <div class="product-area">
        </div>
        <div class="ickbuy-ad-news">
        </div>
    </div>

    <!-- 首页尾部 -->
    <div class="footer">
    </div>
</div>
```

为了实现如图 4-9 所示的布局效果，需要为它们添加样式，代码如下。

```
.center{
    margin: 0 auto;
}
.container{
    width: 100%;
}
.header-bg{
    background-color: #ffffff;
    width: 100%;
}
.header{
    width: 1200px;
}
.main,.banner{
    width: 1160px;
    overflow: hidden;
}
.product-area{
    width: 894px;
    float: left;
}
.ickbuy-ad-news{
    width: 260px;
    float: right;
}
.footer{
    width: 100%;
    margin-top: 20px;
    background-color: #c4c4c4;
}
```

```
.copycontainer{
    width: 1200px;
}
```

(2) 添加 HTML 内容

接下来我们为其添加具体的 HTML 内容，在类 header-bg 中加入 Logo、导航菜单和搜索框、按钮及购物车，代码如下。

```
<div class = "header center">
    <div class = "logo">
        <img src = "imgs/logo.png">
    </div>
    <div>
        <ul>
            <li><a href = "#">首页</a></li>
            <li><a href = "#">新品速递</a></li>
            <li><a href = "#">热卖推荐</a></li>
            <li><a href = "#">商品分类</a>
                <ul>
                    <li><a href = "#">哈根达斯</a></li>
                    <li><a href = "#">M&amp;M'S</a></li>
                    <li><a href = "#">本·杰瑞</a></li>
                    <li><a href = "#">德芙</a></li>
                </ul>
            </li>
            <li><a href = "#">品牌故事</a></li>
            <li><a href = "#">会员活动</a></li>
        </ul>
    </div>
    <div class = "header - input" >
        <form method = "get">
            <input type = "text" name = "search">
            <button type = "submit" name = "search - btn" ></button>
        </form>
        <div>
            <a href = "#"><span> 购物车</span></a>
        </div>
    </div>
</div>
```

Banner 部分添加一张图片。

```
<img src = "imgs/banner.png" alt = "成为会员优惠更多">
```

为左侧图片列表和右侧广告及新闻列表分别添加如下内容。

```
<!--产品图片列表-->
<div class="product-area">
    <ul>
        <li>
            <div class="product-photo">
                <a href="#">
                    <img src="imgs/mm.png">
                </a>
            </div>
            <div class="product-info">
                <div class="name">
                    <a href="#">M&amp;M'S 巧克力豆冰激凌</a>
                </div>
                <div class="product-price-weight">
                    <span>¥68</span>
                    <span>/268g</span>
                </div>
            </div>
                <div class="product-btn">
                    <a href="#">加入购物车</a>
                </div>
        </li>
        <!--此处省略其他 5 个 li 项-->
    </ul>
</div>

<!--广告和新闻列表-->
<div class="ickbuy-ad-news">
    <div class="ickbuy-more clear">
        <a href="#">
            <img src="imgs/ickbuy-more.png" alt="更多精选商品">
            <span>更多精选商品</span>
        </a>
    </div>
    <div class="ickbuy-ad clear">
        <a href="#">
            <img src="imgs/ickbuy-ad.png" alt="顺丰快递到家">
            <span>顺丰快递到家</span>
        </a>
    </div>
        <div>
            <h3>冰天美帝新闻<span><a href="#">更多</a></span></h3>
            <ul>
                <li><a href="#">奇人~伊拉克画家竟然这么用冰激凌!</a></li>
                <li><a href="#">冰激凌有助怀孕</a></li>
                <li><a href="#">英国鼓励市民吃冰激凌</a></li>
                <li><a href="#">吃冰激凌刺激大脑快乐区</a></li>
```

```
                <li><a href="#">奇人～伊拉克画家竟然这么用冰激凌!</a></li>
                <li><a href="#">冰激凌有助怀孕</a></li>
                <li><a href="#">英国鼓励市民吃冰激凌</a></li>
                <li><a href="#">吃冰激凌刺激大脑快乐区</a></li>
            </ul>
        </div>
</div>
```

此时,实现如图 4-9 所示效果。

图 4-9　添加 HTML 内容后效果

(3) 设置新闻列表样式

在图 4-9 中可以看到链接的样式为蓝色并有下划线，下面先来修改链接样式和访问过的链接样式，颜色为 #36332E，没有下划线，代码如下。

```
a,a:visited{                                   /* 链接样式和访问过的链接样式 */
    color: #36332E;
    text-decoration: none;
}
```

修改链接样式和访问过的链接样式的效果如图 4-10 所示。

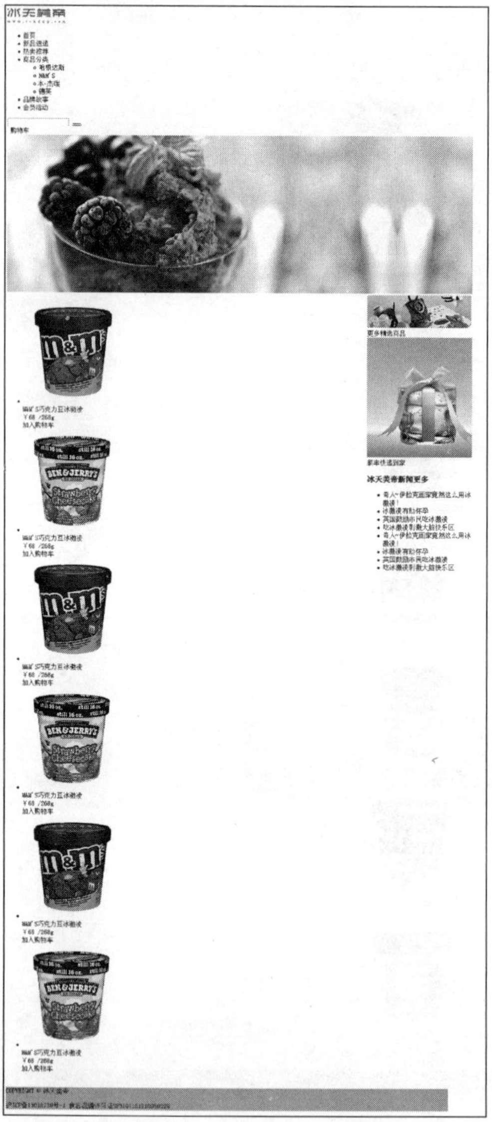

图 4-10　修改链接样式和访问过的链接样式后效果

再设置当鼠标悬停时，链接颜色值变成＃BB0F73，代码如下。

```
a:hover,a:focus{
    color:#BB0F73;
}
```

至此，整个页面的默认链接样式就被修改了。

2. 用样式区分不同链接

修改默认链接样式后所有链接样式统一被修改了，但是，这里要求鼠标悬停在导航上时，该链接文字颜色还是灰色值＃36332E；新闻列表标题中的“更多”两个字希望在列表右边出现，字号略小。这时，可以用样式区分不同的链接，操作步骤如下。

（1）为相应内容创建类

当需要单独对某一些元素实现某种效果时，可以为它们创建一个类或 ID。在本例中，为导航菜单创建类 nav，为“加入购物车”创建类 product-btn，代码如下。

```
<div  class="nav">
    <ul>
        <li><a href="#">首页</a></li>
        <li><a href="#">新品速递</a></li>
        <li><a href="#">热卖推荐</a></li>
        <li><a href="#">商品分类</a>
            <ul>
                <li><a href="#">哈根达斯</a></li>
                <li><a href="#">M&amp;M'S</a></li>
                <li><a href="#">本·杰瑞</a></li>
                <li><a href="#">德芙</a></li>
            </ul>
        </li>
        <li><a href="#">品牌故事</a></li>
        <li><a href="#">会员活动</a></li>
    </ul>
</div>
<!--此处省略其他代码-->
<div class="product-btn">
    <a href="#">加入购物车</a>
</div>
```

（2）设置单独的链接效果

为不同元素创建不同类或 ID 名称可以单独控制某个元素的样式，不过不是类和 ID 名称越多越好，太多名称将难以阅读和维护，我们可以将类型、后代、ID 和类这几种选择器结合起来使用。

例如，导航菜单鼠标悬停的选择器可以采用.nav ul li a:hover，通过以下代码即可实现导航单独的链接样式效果。

```
.nav ul li a:hover,.nav ul li a:focus{
    color: #36332e;
}
```

修改新闻列表标题中"更多"的样式,可以为<span>标签增加一个类或ID,或者采用高级选择器来修改样式。后代选择器选择一个元素的所有后代,而子选择器只选择元素的直接后代,即子元素。代码如下。

```
<h3>冰天美帝新闻<span><a href="#">更多</a></span></h3>
  <ul>
      <!-- 此处为列表项 -->
  </ul>
```

从上面代码中可以看到,span 是 h3 元素的后代,如果我们不希望选择任意的 h3 后代 span,而只是选择 h3 直接后代 span 元素,那么我们可以考虑采用子元素选择器 h3 > span,样式代码如下。

```
h3 > span{
  float: right;
  font-size: 0.8em;
}
```

此时,文字"更多"就出现在了右边,字号略小,效果如图 4-1 所示。

3. 创建按钮式链接

产品图片列表中,"加入购物车"几个字具有按钮式链接的效果。其链接颜色为白色,背景为灰色,当鼠标悬停时产生浅灰色的背景,操作步骤如下。

(1) 用样式设置按钮式链接区域大小

按钮式链接区域大小为 258px×40px。文本信息居中显示需要用到 text-align 属性,值 center 可以设置居中的效果。line-height 是行高属性,40px 的效果会让文本垂直位置居中。背景色为#333。代码如下。

```
.product-btn{
    width: 258px;
    height: 40px;
    margin: 10px;
    text-align: center;
    line-height: 40px;
    background-color: #333;
}
```

(2) 设置链接样式

整个页面中只有此处链接颜色为白色,可以依据类 product-btn 来寻找指定元素,代码如下。

```
.product - btn a,.product - btn a:visited{
    color: #ffffff;
    display: block;
}
.product - btn a:hover,.product - btn a:focus{
    background - color: #444444;
}
```

至此,一个简单的按钮式链接效果就完成了,如图 4-1 所示。

实训 链接样式实训

▶ 实训目的

熟悉并掌握链接样式的制作,学会高级选择器的应用。

▶ 实训内容

利用选择器和链接样式的基础知识制作出如图 4-11 所示的页面。

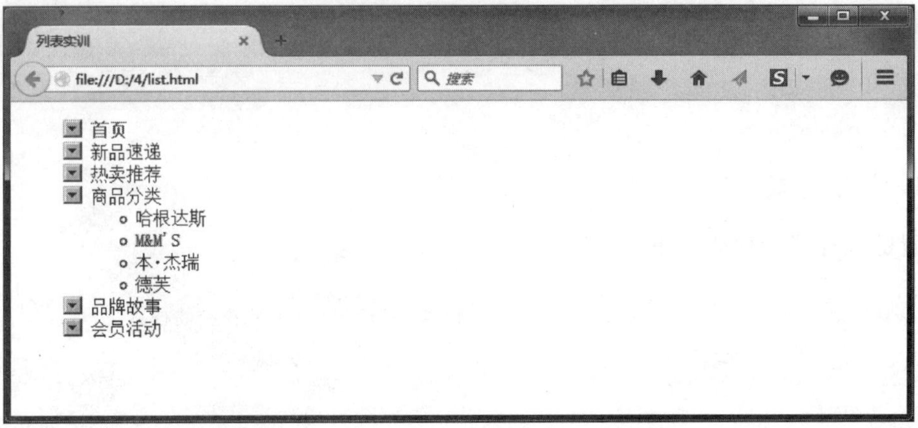

图 4-11 列表效果

该列表项都有链接,要求设置链接颜色为#36332E,鼠标悬停时链接颜色为#BB0F73。其中,只要有指向网址 http://www.whit.ah.cn 的链接都显示为红色,且加粗。在一级列表项前面都有一个图片 wdate_bg.jpg;二级列表项前面是默认的项目符号。

▶ 实训步骤

1. 设计思路分析

首先需要用链接伪类修改默认链接样式。为了实现“指向网址 http://www.whit.ah.cn 的链接都显示红色”，需要用到属性选择器[attribute=value]。在一级列表前面有一个图片，但是二级列表前面是默认的项目符号，这需要子选择器来选择相应的元素。

2. HTML 代码

HTML 代码如下。

```
<ul class = "nav">
    <li><a href = "http://www.whit.ah.cn">首页</a></li>
    <li><a href = "#">新品速递</a></li>
    <li><a href = "#">热卖推荐</a></li>
    <li><a href = "#">商品分类</a>
        <ul>
            <li><a href = "#">哈根达斯</a></li>
            <li><a href = "#"> M&amp;M'S </a></li>
            <li><a href = "#">本·杰瑞</a></li>
            <li><a href = "#">德芙</a></li>
        </ul>
    </li>
    <li><a href = "#">品牌故事</a></li>
    <li><a href = "#">会员活动</a></li>
</ul>
```

3. 设置样式

设置链接样式的代码如下。

```
a,a:visited{                                /* 设置未访问和访问过链接的样式 */
    color: #36332e;
    text-decoration: none;
}
a:hover,a:focus{                            /* 设置鼠标悬停链接的样式 */
    color: #BB0F73;
}
a[href = "http://www.whit.ah.cn"] {         /* 设置特定链接地址的样式 */
    color: red ;
    font-weight: bold;
}
.nav > li {                                 /* 设置一级菜单图片项目符号的样式 */
```

```
        list-style-type: none;
        padding-left: 25px;
        background-image: url(imgs/wdate_bg.jpg);
        background-repeat: no-repeat;
        background-position: left top;
    }
```

项 目 总 结

链接是页面中最基础的元素，链接样式的修改是我们学习网页制作的必备知识。本项目介绍了不同链接类型样式的设置，介绍了背景的属性，利用背景可以为链接设置不一样的样式效果，最后介绍了将链接像按钮一样显示的方法。

课 后 练 习

1. 已有如下的 HTML 代码，需要修改链接样式。要求链接文字没有下划线，未访问和已访问链接的颜色值为 #36332E，鼠标悬停时的颜色值为 #BB0F73，其中将 li 中包含 title 属性值为 hot 的文字加粗，显示效果如图 4-12 所示。

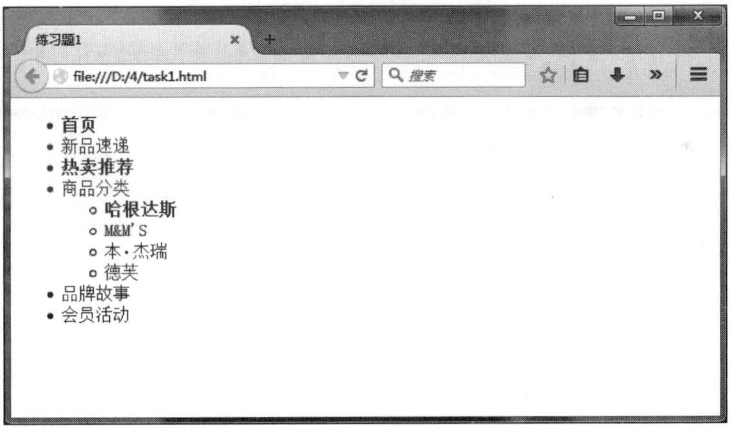

图 4-12 不同链接样式效果

```
<ul class="nav">
    <li title="hot"><a href="http://www.whit.ah.cn">首页</a></li>
    <li title="nothot"><a href="#">新品速递</a></li>
    <li title="hot"><a href="#">热卖推荐</a></li>
    <li title="nothot"><a href="#">商品分类</a>
        <ul>
            <li title="not hot"><a href="#">哈根达斯</a></li>
            <li title="nothot"><a href="#">M&amp;M'S</a></li>
            <li title="nothot"><a href="#">本·杰瑞</a></li>
```

```
            <li title="nothot"><a href="#">德芙</a></li>
        </ul>
    </li>
    <li title="nothot"><a href="#">品牌故事</a></li>
    <li title="nothot"><a href="#">会员活动</a></li>
</ul>
```

2. 利用素材包中的 btn.png,制作出如图 4-13 所示的按钮式链接效果。

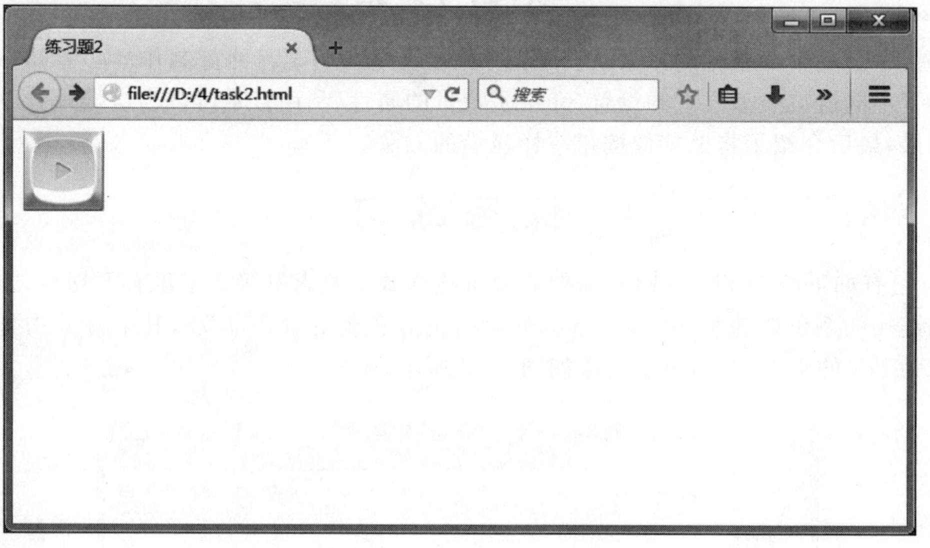

图 4-13　按钮式链接效果

项 目 5

设置网页导航条和列表样式

知识目标

- 了解列表的常用制作方法。
- 了解列表的样式类型。
- 了解边框的样式。
- 理解背景的设置方法。

技能目标

- 掌握列表项目符号的设置方法。
- 掌握背景颜色和图片的使用技巧。
- 能够利用边距调整元素的位置。
- 能够利用边框设置分隔线效果。
- 能够对元素合理设置浮动效果。
- 掌握新闻列表、导航和图片列表的制作方法。

素养目标

- 掌握常用列表的制作思路。
- 探索一种效果的多种实现方法。

任务　制作导航条和列表

▶ 学习情境

小黄在前面的项目中完成了首页的布局和链接样式的修改，下面要通过列表来制作导航条和新闻列表。

▶ 任务描述

在首页中，新闻列表垂直排列，新闻标题与新闻列表之间有一条分隔线；导航条水平排列，并且鼠标悬停后出现二级菜单；产品图片列表三列显示。最终效果如图 5-1 中黑框区域所示。

本任务主要内容如下。

（1）制作新闻列表。

（2）制作导航条。

（3）制作产品图片列表。

问题引导：

（1）列表默认的项目符号如何去掉？有哪些列表样式类型？

（2）新闻标题和新闻列表之间的分隔线是如何添加的？

（3）怎样让列表水平排列？

（4）如何让二级菜单隐藏，鼠标悬停就出现？

图 5-1　列表效果

▶ 任务知识

HTML 列表在网页中是非常常见的元素之一，很多内容都可以认为是列表，如导航菜单、产品图片、新闻等。我们可以修改其 CSS 样式来让它们显示出不同的外观效果。

1. 列表样式类型属性

列表的属性 list-style-type，即列表样式类型，有多种值可选，常见的如 none、disc、circle 等。表 5-1 为常见列表样式值及其含义。

表 5-1　常见列表样式值及其含义

样 式 值	含　义
none	无列表项标记
disc	默认值，黑圆点
circle	空心圆
square	小黑方块
decimal	阿拉伯数字排序 1，2，3，4，…
decimal-leading-zero	阿拉伯数字(十进制数前置零)
lower-roman	小写罗马数字排序
upper-roman	大写罗马数字排序
lower-alpha	小写字母排序
upper-alpha	大写字母排序

列表样式值还有 lower-greek、lower-latin、upper-latin、hebrew、armenian、georgian 等。

假设有一个任务列表，代码如下。

```
<ul id="decimal">
  <li>Coffee</li>
  <li>Tea</li>
  <li>Water</li>
  <li>Soda</li>
</ul>
```

为了实现该列表以数字 1 开始排序，我们只须将列表项的 list-style-type 值设置为 decimal。

```
#decimal li {
    list-style-type: decimal;
}
```

产生的列表样式效果如图 5-2 所示。

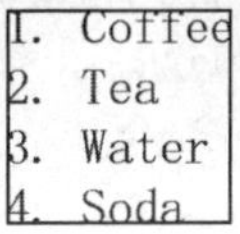

图 5-2 以数字 1 开始排序的列表效果

2. 列表样式位置属性

列表样式位置属性，即 list-style-position，可以选择的值主要有 outside（以列表项内容为准对齐）和 inside（以列表项标记为准对齐）。

假设有如下代码所示任务列表。

```
<p>该列表的 list-style-position 的值是 inside</p>
<ul class="inside">
  <li>Coffee</li>
  <li>Tea</li>
  <li>Water</li>
  <li>Soda</li>
</ul>
<p>该列表的 list-style-position 的值是 outside</p>
<ul class="outside">
  <li>Coffee</li>
  <li>Tea</li>
  <li>Water</li>
  <li>Soda</li>
</ul>
```

我们为类 inside 和 outside 的 list-style-position 属性分别设置为 inside 和 outside。

```
.inside {
    list-style-position: inside;
```

```
    list - style - type: decimal;
}
.outside {
    list - style - position: outside;
    list - style - type:decimal;
}
```

最终效果如图 5-3 所示。

3. 列表样式图片属性

list-style-image 即列表样式图片，该属性可以将定制的图片设置为项目符号。

假设有如下代码所示的任务列表。

```
<ul id = "listimg">
  <li> Coffee </li>
  <li> Tea </li>
  <li> Water </li>
  <li> Soda </li>
</ul>
```

我们用图 5-4 所示的图片作为列表的项目符号。

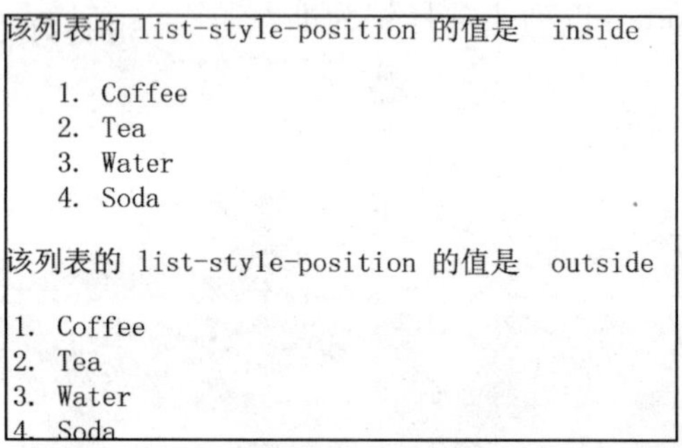

图 5-3 列表样式位置为 inside 和 outside 列表效果

图 5-4 项目符号图片

设置 listimg 的 list-style-image 属性值指向该图片，代码如下。

```
#listimg li {
    list - style - image: url(img/5 - 4.png);
}
```

最终样式效果如图 5-5 所示。

不过这种方法对图像位置的控制力不是很好，比较常用的方法是关闭项目符号，将定制的项目符号图片作为背景出现，并且设置背景图像的位置来达到需要的效果，代码如下。

```
#listimg {
    list - style - type: none;                          /* 先去掉默认项目符号 */
}
#listimg li {
    background - image: url(img/5 - 4.png);            /* 设置背景图片为定制的符号 */
    background - repeat: no - repeat;                   /* 背景图片不重复 */
    background - position: 0px center;                  /* 背景图片的位置为 X: 0; Y:center */
    padding - left: 50px;                               /* 左外边距控制列表缩进 */
}
```

效果如图 5-6 所示。

图 5-5 列表样式图片效果

图 5-6 用背景图像实现自定义项目列表

4. 列表样式属性

list-style 即列表样式。这个属性是设定列表样式的一个快捷的综合写法。用这个属性可以同时设置列表样式类型属性(list-style-type),列表样式位置属性(list-style-position)和列表样式图片属性(list-style-image),示例代码如下。

```
#listimg{list - style:circle inside url(img/5 - 4.png)}
```

5. 边框

(1) border-style

border-style 即边框风格属性,用来设定上、下、左、右边框的风格,它的值如表 5-2 所示。

表 5-2 边框风格属性值及其含义

属 性 值	含 义
none	没有边框,无论边框宽度设为多大
dotted	点线式边框
dashed	破折线式边框
solid	直线式边框
double	双线式边框
groove	槽线式边框

续表

属性值	含义
ridge	脊线式边框
inset	内嵌效果的边框
outset	突起效果的边框

(2) border-width

border-width 即边框宽度属性，用来设定上、下、左、右边框的宽度，它的值如表 5-3 所示。

表 5-3 边框宽度属性值及其含义

属性值	含义
medium	默认值，中等的边框
thin	细边框
thick	粗边框
length	自定义边框，可以用绝对长度单位(cm、mm、in、pt、pc)或者用相对长度单位(em、ex、px)

图 5-7、图 5-8 和图 5-9 分别为将边框设置为 medium、thin 和 thick 后的效果。

也可以为 border-width 设置具体的值，代码如下。

```
#border{
    border-style:solid;
    border-width:5px;                    /*边框为5个像素宽*/
}
```

图 5-7 border-width 值为 medium

图 5-8 border-width 值为 thin

图 5-9 border-width 值为 thick

(3) border-color

border-color 即边框颜色属性，用来设定上、下、左、右边框的颜色，示例代码如下。

```
<div id="medium">这里是中等边框效果</div>
```

我们为该 DIV 设置红色边框，代码如下。

```
#border{
    border-style:solid;
    border-width:5px;
    border-color:#F00;
}
```

(4) border

border 即边框属性。这个属性是边框属性的一个快捷的综合写法，它包含 border-width，border-style 和 border-color，示例代码如下。

```
#border{
    border: solid 5px #F00;
}
```

(5) 单边边框属性

上、下、左、右四个边框不但可以统一设定，也可以分开设定。

设定上边框属性，可以使用 border-top、border-top-width、border-top-style 和 border-top-color。

设定下边框属性，可以使用 border-bottom、border-bottom-width、border-bottom-style 和 border-bottom-color。

设定左边框属性，可以使用 border-left、border-left-width、border-left-style 和 border-left-color。

设定右边框属性，可以使用 border-right、border-right-width、border-right-style 和 border-right-color。

示例代码如下。

```
#border{
    border-bottom-width: 5px;
    border-bottom-style: solid;
    border-bottom-color: #F00;
    height: 300px;                          /*设置 border 元素高 300px*/
    width: 300px;                           /*设置 border 元素宽 300px*/
}
```

最终效果如图 5-10 所示。

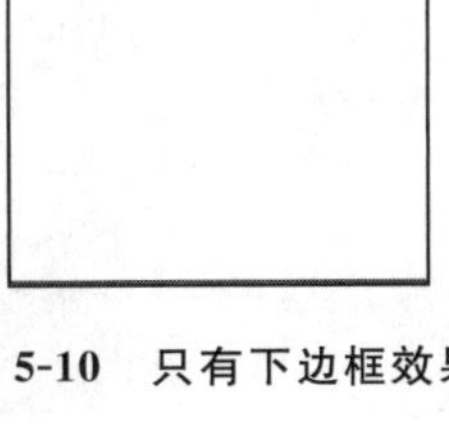

图 5-10 只有下边框效果

6. position

position 属性定义元素布局所用的定位机制。任何元素都可以定位，不过绝对或固定元素会生成一个块级框，而不论该元素本身是什么类型。相对定位元素会相对于它在正常流中的默认位置偏移。它的值有 absolute、fixed、relative、static 和 inherit。

表 5-4 是 position 属性的值及其含义。

表 5-4　position 属性的值及其含义

属性值	含　义
absolute	生成绝对定位的元素，相对于 static 定位以外的第一个父元素进行定位。元素的位置通过 left、top、right 以及 bottom 属性进行规定
fixed	生成绝对定位的元素，相对于浏览器窗口进行定位。元素的位置通过 left、top、right 以及 bottom 属性进行规定
relative	生成相对定位的元素，相对于其正常位置进行定位，因此，left：20 会向元素的左边添加 20 像素
static	默认值。没有定位，元素出现在正常的流中（忽略 top、bottom、left、right 或者 z-index 声明）
inherit	规定应该从父元素继承 position 属性的值

下面的代码实现图像的左边缘位于包含它的元素左边缘向右 300 像素。

```
img{
  position:absolute;
  left:300px;
}
```

left 属性规定元素的左边缘。该属性定义了定位元素左外边距边界与其包含块左边界之间的偏移。不过，如果 position 属性的值为 static，那么设置 left 属性不会产生任何效果。

▶ 任务实施

本任务中，小黄利用无序列表完成新闻列表的制作，取消列表的项目符号，利用边框设置列表标题和新闻列表的分割线。利用浮动产生导航栏链接的水平排列；通过对列表样式的设置来达到图片列表和图片标题顺序排列的效果。

1. 制作新闻列表

该新闻列表有一个标题，在标题和新闻列表之间有一个分割线，如图 5-1 所示，需要设置单边边框，每一个新闻列表前面没有项目符号，具体操作步骤如下。

(1) 添加新闻列表的内容

我们用无序列表来制作新闻列表，标题设为“冰天美帝新闻”，用 h3 标签表示标题，代码如下。

```
<h3>冰天美帝新闻</h3>
<ul>
    <li><a href="#">奇人～伊拉克画家竟然这么用冰激凌!</a></li>
    <li><a href="#">冰激凌有助怀孕</a></li>
    <li><a href="#">英国鼓励市民吃冰激凌</a></li>
    <li><a href="#">吃冰激凌刺激大脑快乐区</a></li>
```

```
    <li><a href = "#">奇人～伊拉克画家竟然这么用冰激凌!</a></li>
    <li><a href = "#">冰激凌有助怀孕</a></li>
    <li><a href = "#">英国鼓励市民吃冰激凌</a></li>
    <li><a href = "#">吃冰激凌刺激大脑快乐区</a></li>
</ul>
```

添加内容后的新闻列表效果如图 5-11 所示。

(2) 边距清零

将元素的外边距和内边距清零,代码如下,产生的样式如图 5-12 所示。

```
*{                                    /** 代表所有的标签或元素,它是通配符选择器 */
    margin:0;
    padding:0;
}
```

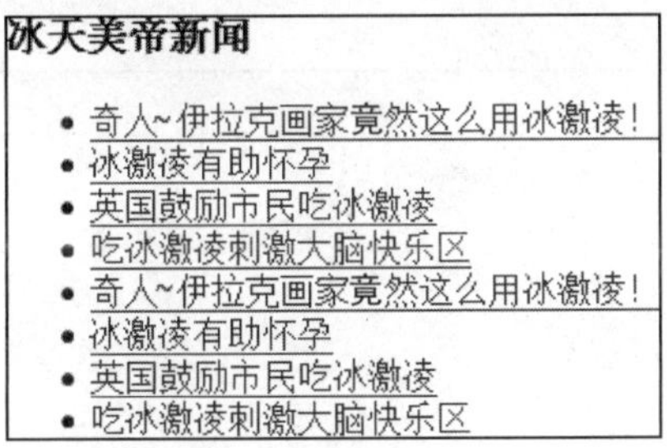

图 5-11 添加内容后的新闻列表效果

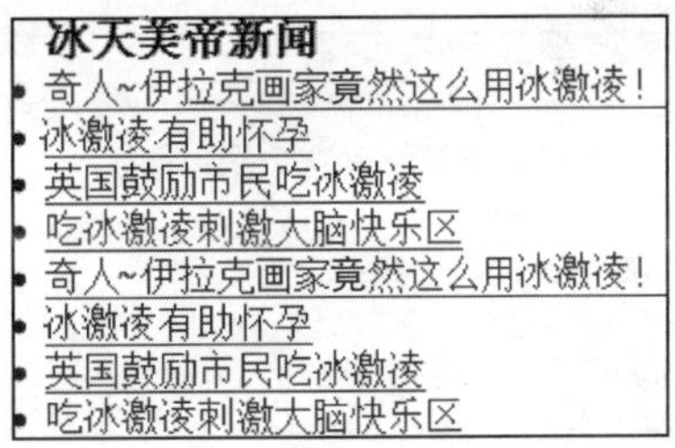

图 5-12 边距清零后的效果

(3) 修改 body 和链接样式

设置 body 元素字体、大小、颜色和背景色,并且设置 a 元素的链接样式、已访问链接的样式,代码如下。

```
body {
    font-family: "微软雅黑";
    font-size: 14px;
    color: #36332e;
    background-color: #f4f4f4;
}
a,a:visited{
    color: #36332e;
    text-decoration: none;
}
```

(4) 修饰新闻列表

还需要取消列表默认的项目符号,设置标题和新闻之间的分隔线。为了增强交互性,再设置鼠标悬停在链接上颜色为＃BB0F73，代码如下。

```
a:hover{
    color:＃BB0F73;              /* 鼠标悬停时链接颜色为＃BB0F73 */
}
ul {
    list - style - type: none;   /* 去掉项目符号 */
    margin: 10px 0px 10px 0px;  /* 上下外边距为 10px，左右外边距为 0 */
}
h3{
    border - bottom - style: solid;
    border - bottom - width: 2px;
    border - bottom - color: ＃c4c4c4;
    padding - bottom: 5px;       /* 下内边距为 5px，使新闻标题和分隔线之间有一定的距离 */
}
```

产生的列表样式如图 5-13 所示。

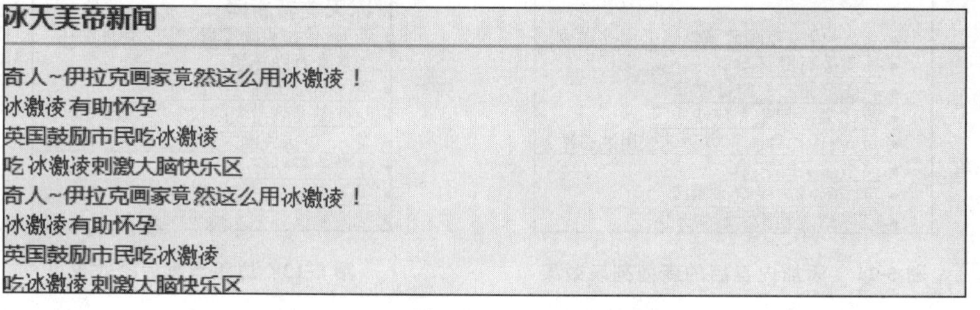

图 5-13　设置鼠标悬停链接颜色后的效果

(5) 添加“更多”

根据图 5-1 所示的效果，我们还需要添加新闻页面链接文字“更多”。文字“更多”和新闻标题在同一行，但是居右显示，可以将其放入 span 元素内部，代码如下。

```
<h3>冰天美帝新闻<span class = "more"><a href = "＃">更多</a></span></h3>
<ul>
    <li><a href = "＃">奇人～伊拉克画家竟然这么用冰激凌!</a></li>
    <li><a href = "＃">冰激凌有助怀孕</a></li>
    <li><a href = "＃">英国鼓励市民吃冰激凌</a></li>
    <li><a href = "＃">吃冰激凌刺激大脑快乐区</a></li>
    <li><a href = "＃">奇人～伊拉克画家竟然这么用冰激凌!</a></li>
    <li><a href = "＃">冰激凌有助怀孕</a></li>
    <li><a href = "＃">英国鼓励市民吃冰激凌</a></li>
    <li><a href = "＃">吃冰激凌刺激大脑快乐区</a></li>
</ul>
```

设置该 span 元素右浮动即可控制该元素居右显示，代码如下。

```
.more a{
    float: right;
    font - size: 12px;
    line - height: 24px;
}
```

最终的新闻列表样式如图 5-14 所示。

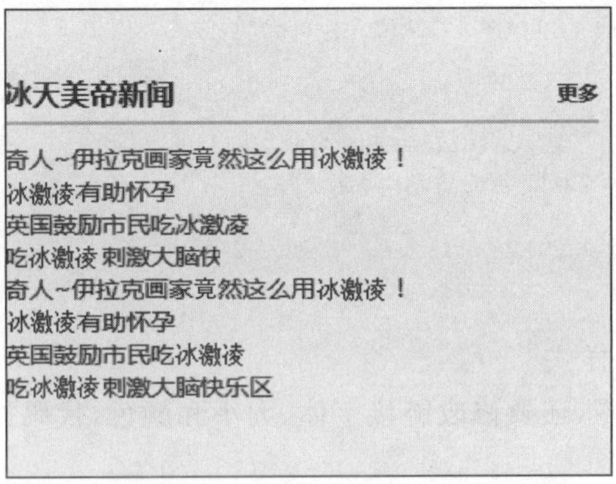

图 5-14　最终的新闻列表样式

2. 创建导航条

该导航条需要水平排列；二级菜单隐藏；当鼠标悬停在导航条上时，一级菜单出线下划线，并且相应二级菜单显示，效果如图 5-15 所示。实现该效果的具体操作步骤如下。

图 5-15　导航条效果

（1）添加导航条的内容

用无序列表创建导航条的一级菜单和二级菜单，代码如下。

```
<div class = "nav">
    <ul>                                        /* 一级菜单 */
        <li><a href = "#">首页</a></li>
        <li><a href = "#">新品速递</a></li>
        <li><a href = "#">热卖推荐</a></li>
        <li><a href = "#">商品分类</a>
            <ul>                                /* 二级菜单 */
                <li><a href = "#">哈根达斯</a></li>
                <li><a href = "#"> M&amp;M'S </a></li>
                <li><a href = "#">本·杰瑞</a></li>
                <li><a href = "#">德芙</a></li>
            </ul>
        </li>
        <li><a href = "#">品牌故事</a></li>
        <li><a href = "#">会员活动</a></li>
    </ul>
</div>
```

(2) 修改边距和链接样式

同样,需要将边距清零,还要修改链接字体、大小和颜色,代码如下。

```
* {                                             /* 边距清零 */
    margin: 0px;
    padding: 0px;
}
body{                                           /* 设置字体大小和颜色 */
    font-family: "微软雅黑";
    font-size: 14px;
    color: #36332e;
}
a,a:visited{                                    /* 设置链接样式和已访问链接的样式 */
    color: #36332e;
    text-decoration: none;
}
```

(3) 修饰导航栏

此时,默认的项目符号还没有去掉,需要取消项目符号,并且用 float 属性设置导航栏水平排列,代码如下。

```
.nav ul {                                       /* 去掉项目符号 */
    list-style-type: none;
}
.nav ul li {
    float: left;                                /* 导航栏一级菜单水平排列 */
}
```

此时，样式效果如图 5-16 所示。

图 5-16　设置左浮动后的效果

为了让导航菜单清晰美观，可以设置 li 之间有一定的空隙。为了体现交互性，设置鼠标悬停一级菜单时有下划线，鼠标悬停在二级菜单时没有下划线。在这里，用 border-bottom 属性设置下划线，代码如下。

```
.nav ul li {
    line-height: 40px;                  /* 设置导航栏行高 40px */
    padding: 10px 20px;                 /* 导航栏的上、下内间距为 10px，左、右间距为 20px */
    float: left;
}
.nav ul li a:hover{                     /* 鼠标悬停在一级菜单时出现下划线 */
    padding-bottom: 6px;
    border-bottom-style: solid;
    border-bottom-width: 2px;
    border-bottom-color: #4D4945;
}
.nav ul li:hover ul li a:hover{
    border-bottom:none;                 /* 鼠标悬停在二级菜单不显示下划线 */
}
```

(4) 设置导航栏二级菜单

可以利用 left 属性和 position：absolute 结合使用控制二级菜单的位置，出现隐藏或显示的效果，代码如下。

```
.nav ul li ul{
    width: 10em;                        /* 设置导航栏二级菜单宽为 10em */
    position: absolute;
    left: -999em;                       /* 隐藏二级菜单 */
}
.nav ul li:hover ul{                    /* 当鼠标悬停在一级菜单上时二级菜单显示 */
    left: auto;
}
```

列表样式如图 5-17 所示。

(5) 修饰二级菜单

此时二级菜单还保留了 padding：10px 20px 的样式，需要修改该样式，代码如下。

```
.nav ul li:hover ul li{
    padding: 0 0.2em;              /* 二级菜单有 5px 的内间距 */
}
```

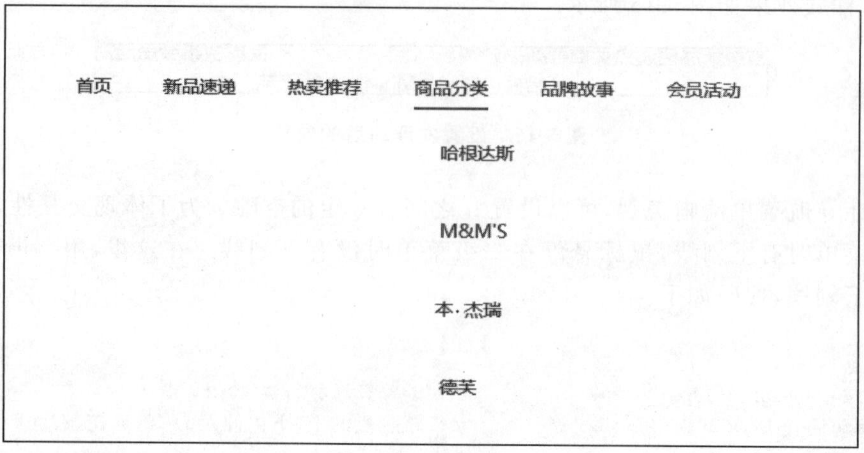

图 5-17　鼠标悬停时出现二级菜单

图 5-18 所示为修改内间距后的效果。

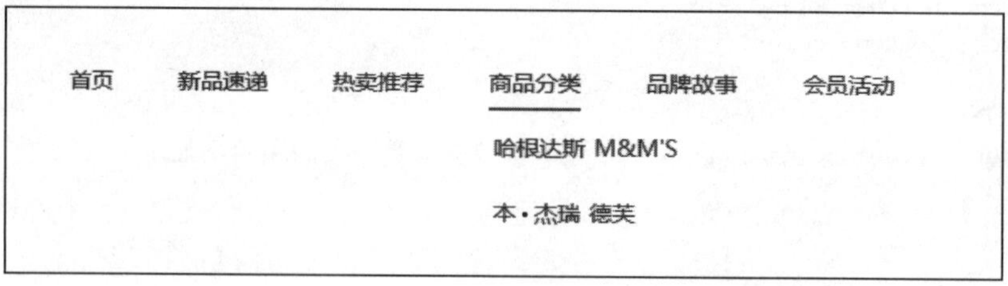

图 5-18　修改二级菜单内间距后的样式

通过图 5-18 发现列表项不是期望的垂直排列，此时需要利用 float：none 来清除浮动，代码如下。

```
.nav ul li:hover ul li{
    float:none;                          /*让二级菜单垂直显示*/
    padding:5px;
    padding: 0 0.2em;
}
```

再来设置背景色为＃4D4945，利用 display：block 为二级菜单创建按钮式链接样式，代码如下。

```
.nav ul li:hover ul li ,.nav ul li:hover ul li a{
    display: block;
    padding:0  0.2em;
    line-height: 30px;
    width: 9.6em;
```

```
    color: #fff;
    background-color: #4D4945;
}
```

当鼠标悬停在商品分类上时，即出现如图 5-19 所示效果。

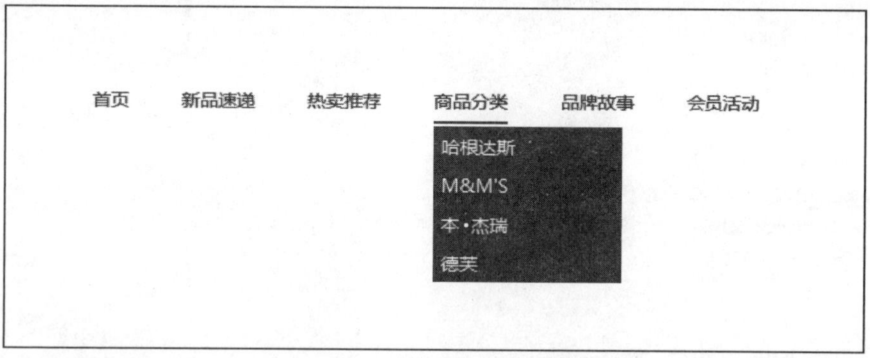

图 5-19　为二级菜单设置背景色并创建按钮式链接后的样式

接下来设置当鼠标悬停在二级菜单上时，背景色改变，代码如下。

```
.nav ul li:hover ul li a:hover{
    background-color: #404040;
}
```

当鼠标悬停在“本·杰瑞”上时，样式如图 5-20 所示。

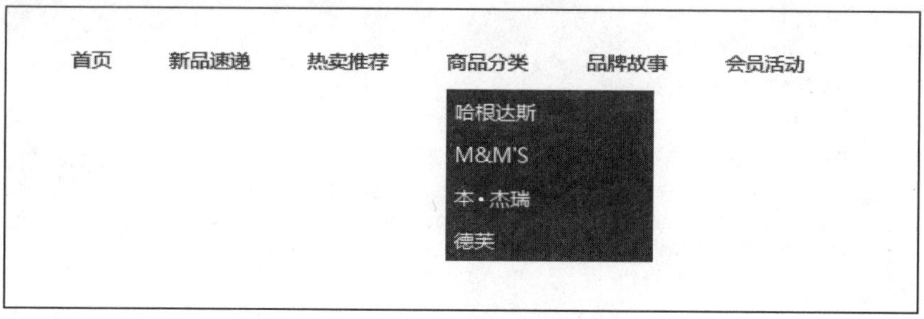

图 5-20　二级菜单鼠标悬停效果

(6) 二级菜单堆叠置顶

为了防止导航条下面的元素遮住二级菜单的显示，可以利用 z-index：9999 将二级菜单置顶。z-index 属性设置元素的堆叠顺序。拥有更高堆叠顺序的元素总是会处于堆叠顺序较低的元素的前面。

```
.nav ul li:hover ul{
    left: auto;
```

```
    z-index: 9999;                    /*让二级菜单置顶*/
}
```

导航条部分完整的样式代码如下。

```
* {
    margin: 0px;
    padding: 0px;
}
body{
    padding:50px;
    font-family: "微软雅黑";
    font-size: 14px;
    color: #36332e;
}
.nav ul {
    list-style-type: none;
}
a,a:visited{
    color: #36332e;
    text-decoration: none;
}
.nav ul li {
    line-height: 40px;
    padding: 10px 20px;
    float: left;
}
.nav ul li a:hover{
    padding-bottom: 6px;
    border-bottom-style: solid;
    border-bottom-width: 2px;
    border-bottom-color: #4D4945;
}
.nav ul li ul{
    width: 10em;
    position: absolute;
    left: -999em;
}
.nav ul li:hover ul li{
    float:none;
    padding:0  0.2em;
}
.nav ul li:hover ul li ,.nav ul li:hover ul li a{
    display: block;
    padding:0  0.2em;
    line-height: 30px;
```

```
    width: 9.6em;
    color: #fff;
    background-color: #4D4945;
}
.nav ul li:hover ul li a:hover{
    border-bottom:none;
    background-color: #404040;
}
.nav ul li:hover ul{
    left: auto;
    z-index: 9999;
}
```

至此，导航条部分就创建好了。

3. 制作产品图片列表

产品图片列表同样采用无序列表制作，该列表项中包含图片、产品信息和“加入购物车”按钮，样式如图 5-21 所示。制作产品图片列表的操作步骤如下。

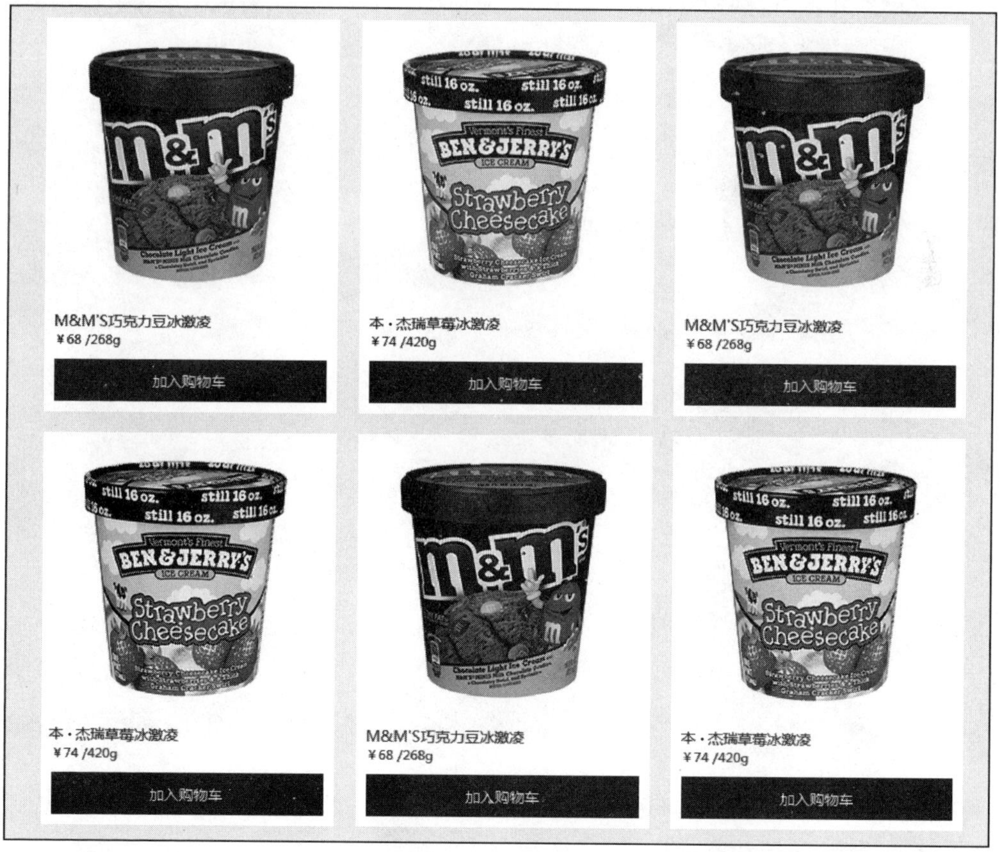

图 5-21 产品图片列表效果

(1) 添加产品图片列表的内容

还是采用无序列表方式制作，每个列表项中有三项内容：产品图片、产品信息(产品信息包含产品标题和产品价格及克数)和“加入购物车”按钮，分别用类. product-photo、. product-info 和. product-btn 来表示，代码如下。

```
<div class = "product - area">
    <ul>
        <li>                                                    /*一个产品列表项*/
            <div class = "product - photo">                     /*产品图片*/
                <a href = "#"><img src = "imgs/mm.png"></a>
            </div>
            <div class = "product - info">                      /*产品信息*/
                <a href = "#">M&amp;M'S 巧克力豆冰激凌</a>
                <div class = "product - price - weight">
                    <span>¥68/268g </span>
                </div>
            </div>
            <div class = "product - btn">                       /*“加入购物车”按钮*/
                <a href = "#">加入购物车</a>
            </div>
        </li>
        …                                                       /*此处省略 4 个产品列表项*/
        <li>
            <div class = "product - photo">
                <a href = "#"><img src = "img/bjr.png"></a>
            </div>
            <div class = "product - info">
                <a href = "#">本·杰瑞草莓冰激凌</a>
                <div class = "product - price - weight">
                    <span>¥74/420g </span>
                </div>
            </div>
            <div class = "product - btn">
                <a href = "#">加入购物车</a>
            </div>
        </li>
    </ul>
</div>
```

实现的样式如图 5-22 所示。

(2) 修改边距、链接和浮动样式

将元素边距设置为 0；设置页面背景色，文本字体、颜色、大小，链接样式；设置整个产

图 5-22　添加内容后的产品图片列表效果

品图片列表的宽度为 894px；为了让列表之间有一定的距离，设置每个列表项右外边距为 20px，每个列表项的宽度为 278px。修改样式代码如下。

```
*{                                        /*边距清零*/
    margin: 0px;
    padding: 0px;
}
body{                                     /*设置字体、大小、颜色和背景色*/
    font-family: "微软雅黑";
    font-size: 14px;
    color: #36332e;
    background-color: #f4f4f4;
}
a,a:visited{                              /*设置链接样式、已访问链接的样式*/
    color: #36332e;
    text-decoration: none;
}
.product-area{
    width: 894px;                         /*整个产品图片列表的宽度*/
}
.product-area ul{
    list-style-type: none;                /*取消默认的项目符号*/
}
.product-area ul li{
    float: left;                          /*使列表项水平分布*/
    background-color: #ffffff;            /*列表项内部背景色*/
    width: 278px;                         /*每个列表项的宽度*/
    margin:20px 20px 0px 0px;             /*设置上、右外边距为 20px*/
}
```

样式效果如图 5-23 所示。

如果用 IE 浏览器打开，图片四周会出现黑色边框，可以利用 border:none 来取消图片的边框，代码如下。

```
img{
    border:none;
}
```

(3) 修饰列表样式

每个列表项的宽度为 278px，为了使内部元素与边界有一定的间隙，设置列表项内部元素 10px 的外边距，内部元素宽度则为 258px。为了防止元素过大超出边界，可以用 overflow: hidden 将多出部分隐藏。

图 5-23 修改边距、链接和浮动样式后的效果

```
.product-photo,.product-info,.product-btn{
    width: 258px;
    margin: 10px;
    overflow: hidden;
}
```

接下来设置"加入购物车"样式。display:block 可以实现一定区块的链接方式，text-align: center 实现文本居中对齐，当鼠标悬浮时修改背景色。

```
.product-btn a{
    background-color: #333333;
    width: 258px;
    height: 40px;
    text-align: center;                /* 实现"加入购物车"按钮居中显示 */
    line-height: 40px;                 /* 设置行高为 40px 实现垂直位置居中 */
    color: #ffffff;
    display: block;
}
.product-btn a:hover{
    background-color: #444444;
}
```

再将价钱和克数的字号略微调小。

```
.product-price-weight{
    font-size: 12px;
}
```

此时,就会看到如图 5-21 所示的效果。

制作产品图片列表部分完整样式代码如下。

```
*{
    margin: 0px;
    padding: 0px;
}
body{
    font-family: "微软雅黑";
    font-size: 14px;
    color: #36332e;
    background-color: #f4f4f4;
}
a,a:visited{
    color: #36332e;
    text-decoration: none;
}
.product-area{
    width: 894px;
}
.product-area ul{
    list-style-type: none;
}
.product-area ul li{
    float: left;
    background-color: #ffffff;
    width: 278px;
    margin:20px 20px 0px 0px;
}
img{
    border:none;
}
.product-photo,.product-info,.product-btn{
    width: 258px;
    margin: 10px;
    overflow: hidden;
}
.product-btn a{
    background-color: #333333;
    width: 258px;
    height: 40px;
```

```
        text-align: center;
        line-height: 40px;
        color: #ffffff;
        display: block;
    }
    .product-btn a:hover{
        background-color: #444444;
    }
    .product-price-weight{
        font-size: 12px;
    }
```

至此，产品图片列表就制作完成了。

实训 创建垂直导航条

▶ 实训目的

熟悉并掌握使用列表制作导航条的方法，掌握浮动、背景的设置技巧。

▶ 实训内容

利用前面介绍的技术和方法，制作出如图 5-24 的效果。

图 5-24 垂直导航条效果

▶ 实训步骤

1. 设计思路分析

利用无序列表制作垂直导航条，该导航条有浅灰色的背景和灰色的边框，菜单按钮上的刻线效果采用上边框白色、下边框灰色。

2. HTML 代码

HTML 代码如下。

```
<ul class="nav">
    <li><a href="#">首页</a></li>
    <li><a href="#">图书</a></li>
    <li><a href="#">家电</a></li>
    <li><a href="#">数码</a></li>
    <li><a href="#">服装</a></li>
    <li><a href="#">家居</a></li>
</ul>
```

3. 设置导航区块 nav 的效果

设置导航区块 nav 的代码如下。

```
*{                                      /*边距清零*/
    padding:0;
    margin:0;
}
.nav {
    list-style-type: none;              /*取消项目符号*/
    border: 1px solid #CCC;             /*设置整个导航条的外边框*/
    width: 8em;                         /*导航条边框*/
}
```

4. 设置 li 的样式

设置 li 的样式代码如下。

```
.nav li{
    background-color: #E7E7E7;                  /*浅灰色背景*/
    border-top-width: 1px;                      /*上刻线效果*/
    border-bottom-width: 1px;                   /*下刻线效果*/
    border-top-style: solid;
    border-bottom-style: solid;
    border-top-color: #F9F9F9;
    border-bottom-color: #ccc;
}
```

5. 设置导航中 a 标记的样式

设置导航中 a 标记的样式代码如下。

```
.nav li a,.nav li a:visited {               /*链接样式和已访问链接样式*/
    padding: 5px;                           /*使文本信息与边界有一定距离*/
    display: block;                         /*形成按钮式链接的效果*/
    text-decoration: none;
    color: #2b3f00;
    font-family: "微软雅黑";
    font-size: 16px;
}
.nav li a:hover{
    background-color: #fff;                 /*鼠标悬停时背景色为白色*/
}
```

6. 取消最后一个菜单的下边框

最后一个菜单的下边框会与列表的下边框形成双实线。为了去掉一条实线，为最后一个列表项添加类.last。

```
<li class = "last"><a href = "#">家居</a></li>
```

再设置其下边框样式为无。

```
.nav .last {
    border-bottom-style: none;
}
```

这样就实现了如图 5-24 所示的垂直导航效果。

项 目 总 结

列表表现形式多种多样，本项目主要介绍了列表样式类型、背景的设置、边框的设置。通过本项目的学习，应该掌握新闻列表、导航条和图片列表的制作方法。

列表在网站设计中占有举足轻重的地位，因此，对列表的相关知识理解与应用对网站的设计将会起到非常重要的作用。

课 后 练 习

1. 利用素材包中深红色渐变效果图作为导航背景，红色图片用于悬停的背景，制作成如图 5-25 所示的导航列表。

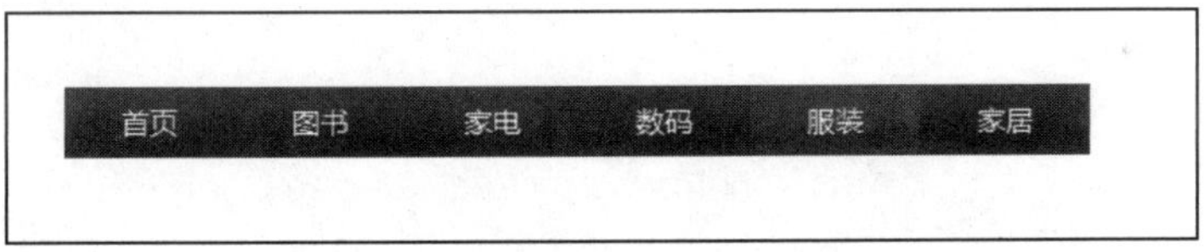

图 5-25 设置背景图片的导航列表效果

2. 利用素材包中的 ar.jpg 图片制作如图 5-26 所示的新闻列表效果。

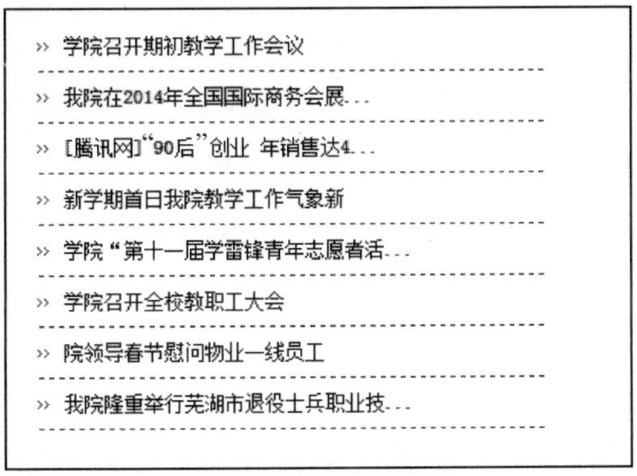

图 5-26 新闻列表效果

项 目 6

和用户交互——表单

知识目标

- 理解表单的概念。
- 了解表单元素的类型。
- 了解表单的属性。
- 了解表单各元素的属性。

技能目标

- 掌握表单常用元素的使用方法。
- 能够利用属性设置不同的表单效果。
- 能够结合 CSS 样式改变表单外观。

素养目标

- 掌握常用界面(如购物车、登录)的制作思路。
- 探索一种效果的多种实现方法。
- 培养团结协作的精神。
- 培养一定的自学能力。

任务 利用表单进行用户交互

▶ 学习情境

在前面的学习中,列表、图片等元素已经添加到页面了,并且也设置了相应的 CSS 样式而达到预期的效果。目前搜索栏、登录和注册等页面中很多元素还没有添加,小黄需要学习有关表单的知识来完成这些内容。

本项目首先介绍表单标签及其属性;接着再介绍表单元素,如文本域、下拉列表框、单选框、复选框等,最后介绍表单与 CSS 样式的结合实现多种样式的表单效果。

▶ 任务描述

页面中需要包含搜索框的内容,搜索框内部需要显示默认搜索关键词,如图 6-1 所示。在客户登录系统时需要提供一个登录界面,该界面的效果如图 6-2 所示,提示输入账号和密码等。在客户选择好商品后需要提供购物车的界面,提示用户购买的商品信息,如图 6-3 所示。

本任务主要内容如下。

(1) 添加搜索栏。

(2) 创建用户登录界面。

(3) 制作购物车页面。

问题引导:

(1) 什么是表单?

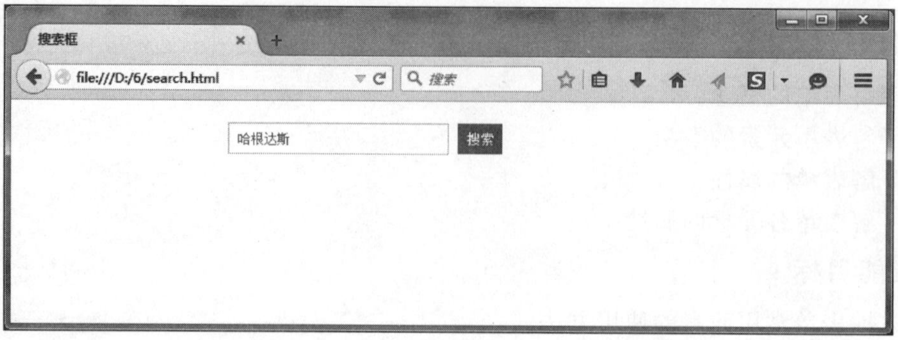

图 6-1 搜索栏效果

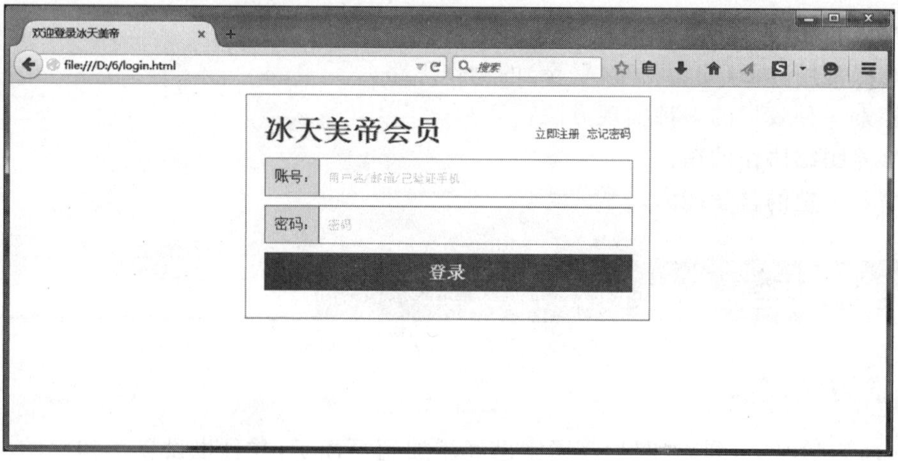

图 6-2 会员登录界面

图 6-3 购物车效果

(2) 表单有哪些元素?

(3) 如何让它们展示不同的外观?

▶ 任务知识

表单在网页中主要负责数据采集,通过脚本程序可以将表单中采集的数据转移。一个表单有两个基本组成部分:表单标签和表单元素。表单标签里面包含处理表单数据传递方式;表单元素包括文本框、密码框、隐藏域、多行文本框、复选框、单选框、下拉选择框、按钮和文件上传框等。

1. 表单标签

<form>标签有多种属性,表 6-1 为<form>标签的常见属性及含义。

表 6-1 <form>标签的常见属性及含义

属 性 值	含 义
id	表单标识
method	表单的数据传递方式,有 get 和 post 两种传递数据方式
action	定义表单数据传递后的处理页面
name	规定表单的名称
target	规定在何处打开 action URL,值有_blank、_self、_parent、_top 和 framename
accept-charset	规定服务器可处理的表单数据字符集
autocomplete	规定是否启用表单的自动完成功能,有 on 和 off 两个值
novalidate	设置了该特性不会在表单提交之前对其进行验证

其中,autocomplete 属性和 novalidate 属性是 HTML 5 中的新属性。

示例代码如下。

```
<form action="exp_form.asp" method="post" id="user_form">
    First name:<input type="text" name="fname" />
    <input type="submit" />
</form>
```

该表单中定义了表单的标识为 user_form,表单的数据传递方式为 post,表单传递后数据由 exp_form.asp 文件来处理。method 属性有 post 和 get 两个值,post 表示表单数据在传递时将所有表单元素的数据打包进行传递;get 表示需要将参数数据队列加到提交表单的 action 属性所指的 URL 中,值和表单内各个字段一一对应。

在下面的代码中,虽然还有个文本框定义在表单框架外,但是可以通过表单属性指定其归属的表单。

```
<form action=" exp_form.asp" method="get" id="user_form">
    First name:<input type="text" name="fname" />
    <input type="submit" />
</form>
<p>下面的输入域在 form 元素之外,但仍然是表单的一部分。</p>
Last name: <input type="text" name="lname" form="user_form" />
```

2. 表单元素

表单元素是允许用户在表单中输入信息的元素，如文本域、下拉列表、单选框、复选框等。

(1) 单行文本框

用户可以在单行文本框中输入单行文本，HTML 描述为<input type="text">，表 6-2 所示为单行文本框的常见属性及含义。

表 6-2 单行文本框的常见属性及含义

属性值	含义
id	标识一个单行文本框
name	单行文本框名
value	单行文本框的初始值
size	单行文本框的长度
maxlength	在单行文本框中能够输入的最大字符数

示例代码如下。

```
用户名: <input type="text" id="user_form" value="请在这里输入用户名" size="20" maxlength="10">
```

显示效果如图 6-4 所示。

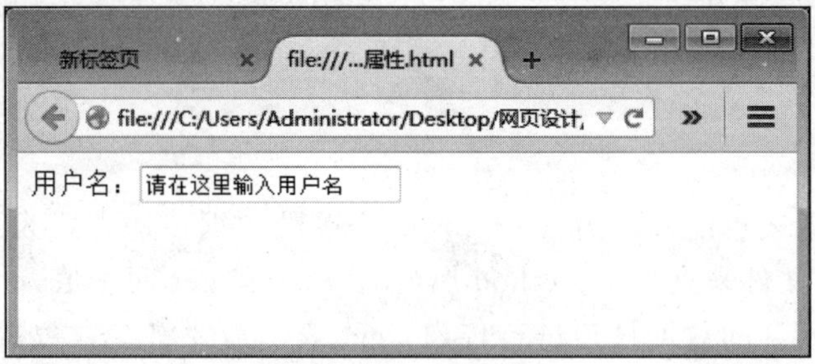

图 6-4 单行文本框效果

单行文本框可以设置为密码字段，HTML 代码为<input type="password">，示例代码如下。

```
Password: <input type = "password" name = "pwd">
```

显示效果如图 6-5 所示。

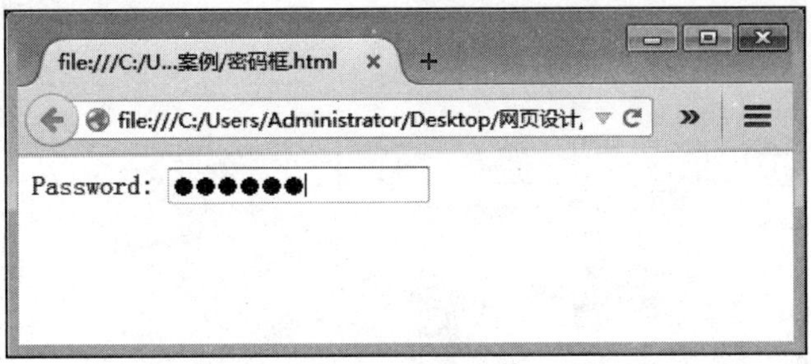

图 6-5 密码框效果

在 HTML 5 中,input 元素的 type 属性拥有更多的值,例如它还可以为 search,此时,该元素呈现为一个搜索框,换行符会从输入值中去掉。

(2) 多行文本框

多行文本框允许用户填写多行内容,HTML 描述为＜textarea＞...＜/textarea＞,可以通过 cols 和 rows 属性来规定 textarea 的尺寸,不过更好的办法是使用 CSS 的 height 和 width 属性。表 6-3 所示为多行文本框的常用属性及含义。

表 6-3 多行文本框的常用属性及含义

属性值	含义
cols	指定多行文本框的可见的列数
rows	指定多行文本框的可见的行数
name	指定多行文本框的名称
disable	使多行文本框无效,无法填写
maxlength	在多行文本框中能够输入的最大字符数
wrap	off:不自动换行,为默认动作
	virtual:将实现文本区内的自动换行,但在传输数据时,文本只在用户按下 Enter 键的地方进行换行,其他地方没有换行的效果
	physical:将实现文本区内的自动换行,并以文本框中的文本效果进行数据传递

示例代码如下。

```
<textarea id = "MSG" cols = 40 rows = 4 >网页制作入门</textarea><br>
<textarea id = "MSG" cols = 40 rows = 4 disable = "disable">网页制作入门</textarea>
```

效果如图 6-6 所示。

(3) 单选按钮

单选按钮是一组可选择按钮,在同一组按钮中只可选择一个,HTML 代码为＜input type="radio"＞。表 6-4 为单选按钮的常用属性及含义。

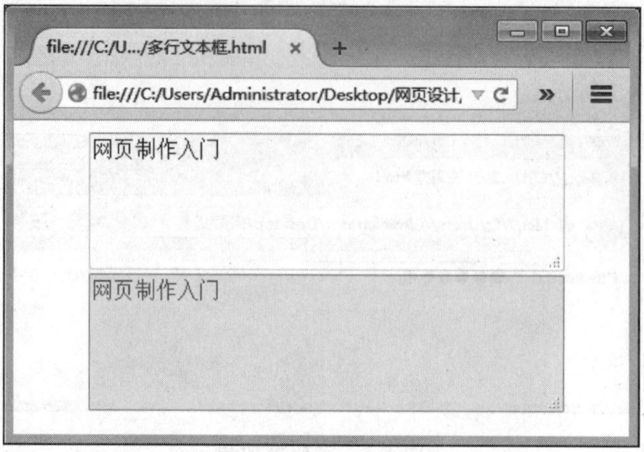

图 6-6　多行文本框效果

表 6-4　单选按钮的常用属性及含义

属性值	含　义
name	单选按钮组的名称,同一组按钮有相同名称
value	单选按钮进行数据传递时的选项值
checked	默认选择项

示例代码如下。

```
您最喜欢的水果是:<br>
<input type=radio value="Fruit1" checked name="fruit">苹果
<input type=radio value="Fruit2" name="fruit">香蕉
<input type=radio value="Fruit3" name="fruit">草莓
<input type=radio value="Fruit4" name="fruit">凤梨
```

效果如图 6-7 所示。

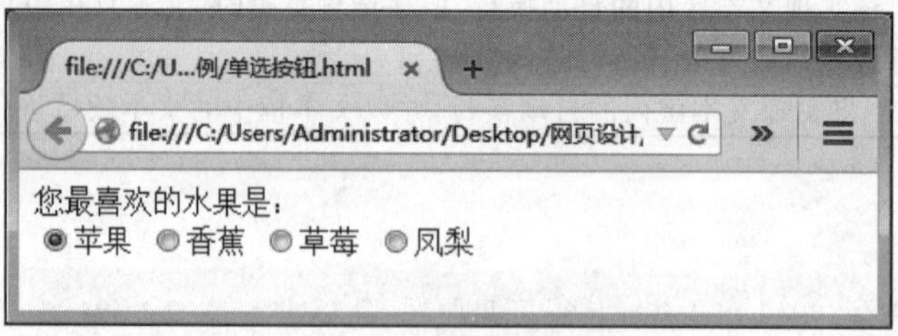

图 6-7　单选按钮效果

实际应用中,经常希望点击选项文字就可以选择选项,可以应用 for 属性实现。

```
您最喜欢的水果是:<br>
<input type=radio value="Fruit1" name="fruit">苹果
```

```
< input type = radio value = "Fruit2" name = "fruit">香蕉
< input type = radio value = "Fruit3" name = "fruit">草莓
< input type = radio value = "Fruit4" name = "fruit"  id = "radiobutton" checked >
< label for = "radiobutton">凤梨</label >
```

最后一个“凤梨”选项，由于有 checked 属性，就变成了该组按钮的默认选项，在点击“凤梨”文本时也可以选择该选项，效果如图 6-8 所示。

图 6-8　带 checked 属性和 for 属性的单选按钮效果

(4) 复选框

复选框是一组可选择按钮，在同一组选项中可选择多个，HTML 代码为＜input type="checkbox"＞。表 6-5 为复选框的常用属性及含义。

表 6-5　复选框的常用属性及含义

属 性 值	含　义
name	复选框组的名称，同一组按钮有相同名称
value	复选框进行数据传递时的选项值
checked	默认选择项

示例代码如下。

```
< p >你的兴趣爱好：</ p >
< label for = "checkbox">音乐</label >
< input type = "checkbox" name = "checkbox" value = "checkbox" id = "checkbox">< br >
< label for = "checkbox2">运动</label >
< input type = "checkbox" name = "checkbox" value = "checkbox" id = "checkbox2">< br >
< label for = "label">阅读</label >
< input type = "checkbox" name = "checkbox" value = "checkbox" id = "label">< br >
< label for = "label2">上网</label >
< input type = "checkbox" name = "checkbox" value = "checkbox" id = "label2">
```

效果如图 6-9 所示。

(5) 下拉列表

下拉列表框可容纳多个选项，在下拉列表框中有列表标签和选项标签，HTML 代码分别为：＜select ＞...＜/select＞和＜option＞...＜/option＞。表 6-6 和表 6-7 分别为下拉列表框和列表选项的常用属性及含义。

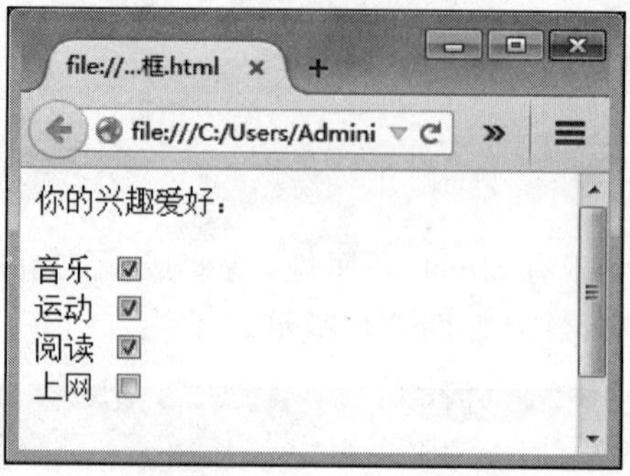

图 6-9 复选框效果

表 6-6 下拉列表框的常用属性及含义

属性值	含义
name	下拉列表框名称
multiple	允许多选
size	size 属性规定下拉列表中可见选项的数目。如果 size 属性的值大于 1，但是小于列表中选项的总数目，浏览器会显示出滚动条，表示可以查看更多选项

表 6-7 列表选项的常用属性及含义

属性值	含义
name	选项名称
value	选项被选中后进行数据传递时的值
checked	默认选择项

示例代码如下。

```
<label for = "select">出生年份</label>
<select name = "select" >
   <option value = "1981"> 1981 </option>
   <option value = "1981"> 1982 </option>
   <option value = "1981"> 1983 </option>
   <option value = "1981"> 1984 </option>
   <option value = "1981"> 1985 </option>
</select>
```

效果如图 6-10 所示。

实际应用中可能需要多选或者指定默认选项，可参考以下代码。

```
<label for = "select">出生年份</label>
<select name = "select" multiple = "multiple" >
    <option > 1981 </option>
    <option selected = "selected" value = "1"> 1982 </option>
```

```
    <option>1983</option>
    <option>1984</option>
    <option>1985</option>
</select>
```

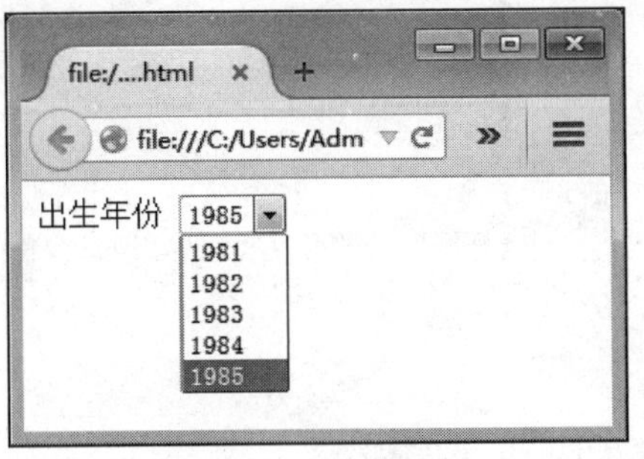

图 6-10　下拉列表效果

效果如图 6-11 所示。

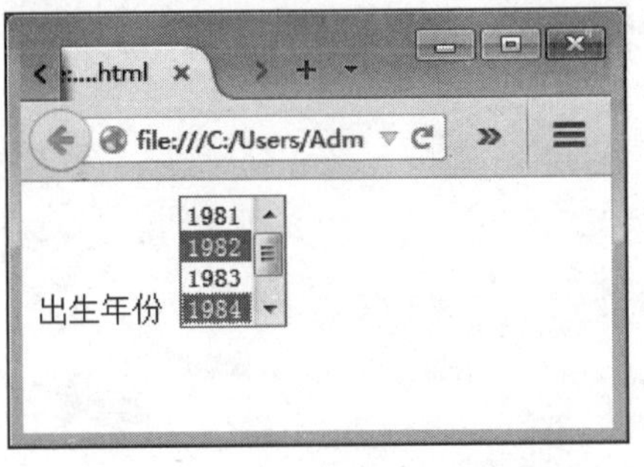

图 6-11　可多选下拉列表效果

在上述示例中，我们可以使用 Shift 键选择连续选项，或者使用 Ctrl 键选择特定选项。

(6) 按钮

网页中常见的按钮有三种：提交按钮、重置按钮和普通按钮。普通按钮往往用来触发事件。通常每个表单域中都有一个提交按钮，可以转移表单数据。HTML 代码分别为：提交按钮——<input type="submit">，重置按钮——<input type="reset">，普通按钮——<input type="button" >。表 6-8 为按钮的常用属性和事件。

表 6-8　按钮的常用属性和事件

属 性 值	事 件
name	按钮名称
value	按钮上显示的文本
onmousedown	用户按下鼠标链时触发的事件
onmouseup	鼠标链抬起时触发的事件
onclick	点击按钮事件(包括鼠标链按下和抬起两个动作)

以下为一个登录界面的示例列代码。

```
<table cellspacing = "0" cellpadding = "0" width = "420" align = "center" border = "0">
  <form id = "form1" name = "form1" method = "post" action = "">
    <tbody>
      <tr>
        <td><img height = "36" src = "images/login_admin1.gif" width = "420" /></td>
      </tr>
      <tr>
        <td><img height = "106" src = "images/login_admin2.gif" width = "420" /></td>
      </tr>
      <tr>
        <td width = "420" background = "images/login_admin3.gif" height = "137"><table
         width = "341" border = "0" align = "center" cellpadding = "0" cellspacing = "0">
          <tr>
            <td height = "25">管理员账号</td>
            <td height = "25"><input id = "username" style = "FONT - SIZE: 9pt; WIDTH: 120px;
             COLOR: black" maxlength = "18" name = "username" /></td>
            <td height = "25"><input id = "Button1" type = "submit" value = "管理登录"
             name = "Button1" /></td>
          </tr>
          <tr>
            <td height = "25">管理员密码</td>
            <td height = "25"><input id = "userpwd" style = "FONT - SIZE: 9pt; WIDTH: 120px;
             COLOR: black" type = "password"  maxlength = "18" name = "userpwd" /> </td>
            <td height = "25"><input type = "reset" name = "Submit" value = "清除再来" /></td>

          </tr>
          <tr>
            <td height = "25">  </td>
            <td height = "25">  </td>
            <td height = "25"><span style = "HEIGHT: 31px">
              <input onClick = "window.location = 'index.html'" type = "button"
               value = "返回首页" name = "Submit3" /></span></td>
          </tr>
        </table></td>
      </tr>
      <tr>
        <td><img height = "51" src = "images/admin_login.jpg" width = "420" /></td>
      </tr>
    </tbody>
```

```
    </form>
  </table>
```

效果如图 6-12 所示。

图 6-12　按钮登录页面效果

在该网站登录界面中使用到了三种按钮。“管理登录”是一个提交按钮，提交按钮往往位于表单域内，单击后会将表单域中表单元素的数据打包传递给 action 指定的文件进行数据处理。“清除再来”是一个重置按钮，单击后会将表单域中表单元素的数据清除，方便重新再填写；“返回首页”是一个普通按钮，在按钮中定义了 onclick 事件，进行地址跳转。

(7) 隐藏域

隐藏域在页面中对于用户是不可见的，在表单中插入隐藏域的目的在于收集或发送信息，以利于被处理表单的程序所使用。HTML 代码为<input type="hidden">。

隐藏域有以下几种作用。

① 用户单击提交按钮发送表单数据的时候，隐藏域的信息也被一起发送到服务器。

② 有时用户在提交表单的时候需要一些用户信息，这时使用隐藏域就很方便，而且也避免了有浏览器不支持，用户禁用 Cookie 的麻烦。

③ 一个表单域中若有多个提交按钮，可以通过定义隐藏域来区别每个按钮所需要提交的数据。

④ 一个表单在进行数据提交时也可能有不同作用，如同一个表单可以进行数据插入或者数据修改，可以通过定义隐藏域来区别表单的作用。

(8) HTML 5 的新增 input 类型

① email。email 类型用于 E-mail 地址的输入,在提交表单时,会自动验证 email 域的值。HTML 代码为<input type="email">,示例代码如下。

```
<form action="" method="get">
    E-mail: <input type="email" name="user_email" /><br />
    <input type="submit" />
</form>
```

如果在 E-mail 文本框中没有输入正确的 E-mail 格式,则在单击提交按钮时会有提示,效果如图 6-13 所示。

图 6-13　E-mail 验证效果

② number。number 类型用于数值的输入,可设定数字的范围。HTML 代码为<input type="number" >。表 6-9 为 number 类型的常用属性及含义。

表 6-9　number 类型的常用属性及含义

属性值	含　义
max	定义允许输入的最大值
min	定义允许输入的最小值
step	定义合法的数字间隔(如果 step="3",则合法的数是－3、0、3、6 等)
value	定义默认值

示例代码如下。

```
<form action=" " method="get">
    <input type="number" name="points" min="0" max="10" step="3" value="6" />
    <input type="submit" />
</form>
```

效果如图 6-14 所示。

③ range。range 类型用于一定范围内数值的输入,显示为滑动条。HTML 代码为<input type="range">。表 6-10 为 range 类型的常用属性及含义。

图 6-14 number 类型效果

表 6-10 range 类型的常用属性及含义

属性值	含 义
max	定义允许输入的最大值
min	定义允许输入的最小值
step	定义合法的数字间隔(如果 step="3",则合法的数是-3,0,3,6 等)
value	定义默认值

示例代码如下。

```
音量大小:<br>
<input type="range" name="points" min="0" max="10" step="1">
```

效果如图 6-15 所示。

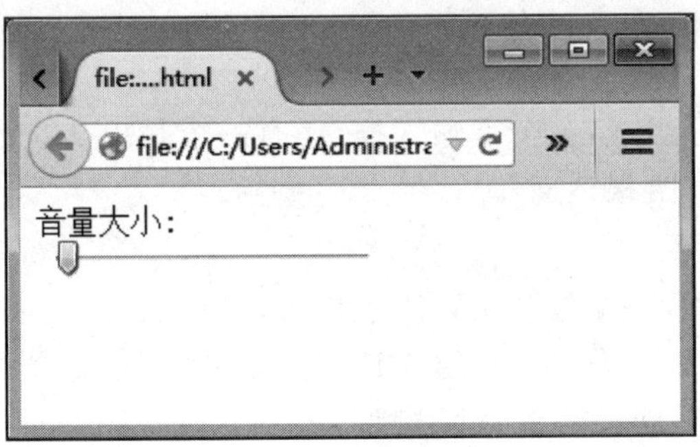

图 6-15 range 类型效果

④ Date Pickers(日期选择器)。HTML 5 拥有多个可供选取日期和时间的新增输入类型:date(选取日、月、年)、month(选取月、年)、week(选取周和年)、time(选取小时和分钟)、datetime(选取时间、日、月、年(UTC 时间)),以及 datetime-local(选取时间、日、月、年(本地时间))。HTML 代码为<input type="date(其他类型)">。注意,IE、火狐等浏览器不支持该类型,示例代码如下。

```
<form action = "" method = "get">
请输入时间: <input type = "datetime - local" name = "user_date" >
</form>
```

效果如图 6-16 所示。

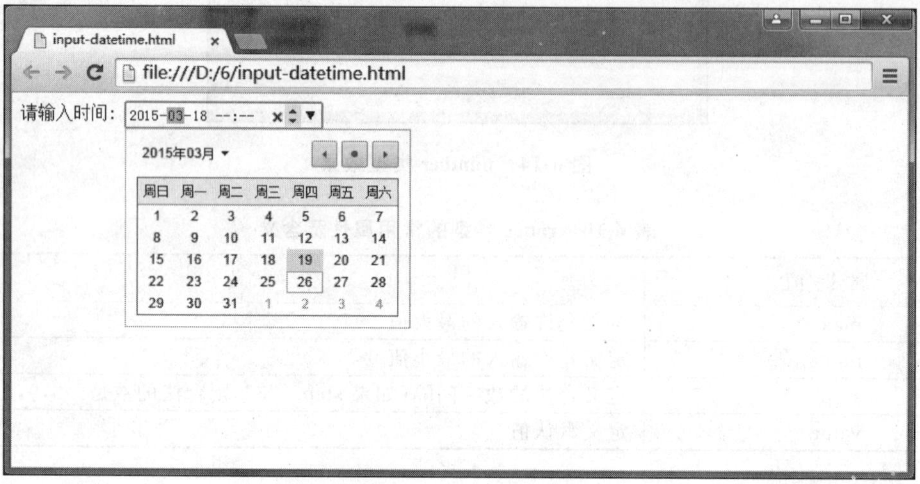

图 6-16　Date Pickers 类型效果

▶ 任务实施

本任务主要利用表单和 CSS 样式的结合产生如图 6-1～图 6-3 所示的效果。

1. 添加搜索栏

搜索栏一般有两部分组成，一个是输入框，还有一个是提交按钮。输入框显示为搜索栏效果，并显示默认关键词“哈根达斯”。

(1) 添加 HTML 内容

本例主要有两类元素，一个是 input，用于输入关键词；另一个是 button，用于提交关键词。用一个 class 名为 header-input 的 DIV 容器来容纳整个内容。在 input 元素中，placeholder＝"哈根达斯"，即设置默认关键词“哈根达斯”。placeholder 属性提供可描述输入内容预期值的提示信息，在输入内容为空时显示，并会在输入框获得焦点时消失，其 HTML 代码如下。

```
<div class = "header - input" >
 <form method = "get">
     <input type = "text" name = "search" id = "search" placeholder = "哈根达斯" >
     <button type = "submit" name = "search - btn" id = "search - btn">搜索</button>
 </form>
</div>
```

(2) 设置样式

首先将所有元素的边距清零,代码如下。

```
*{
    padding: 0;
    margin: 0;
}
```

接下来设置输入框和搜索按钮的样式。设置输入框的宽度、内间距、字号大小和边框;搜索按钮需要设置背景和边框颜色、宽度、高度、文本颜色,cursor: pointer 用来将鼠标指针变成手的形状。它们的 CSS 样式代码如下。

```
#search{
    width: 184px;
    font-size: 12px;
    padding: 6px 8px;
    border: 1px solid #ccc;
}
#search-btn{
    background-color: #D5077F;
    border: 1px solid #bb0f73;
    width: 40px;
    height: 28px;
    color: #fff;
    cursor: pointer;
}
```

至此,如图 6-1 所示的搜索栏效果就完成了。

2. 创建用户登录界面

如图 6-2 所示的用户登录界面中有登录窗口名称、输入账号和密码的输入框和登录按钮。当用户没有账号时可以点击“立即注册”,忘记密码时可以点击“忘记密码”。

(1) 添加登录界面的 HTML 内容

在这个界面可以将内容划分为两个部分,分为登录窗口名称部分和表单部分。其中表单部分分为三部分内容:账号输入、密码输入和登录按钮,HTML 代码如下。

```
<div class="login-form">
    <!--登录窗口名称部分-->
    <div class="mt">
        <h1>冰天美帝会员</h1>
        <div class="regist-link"><a href="#">立即注册
         </a> <a href="#">忘记密码</a>
        </div>
    </div>
```

```
    <! -- 表单部分 -->
    <div class = "form">
        < form method = "post" onsubmit = "return false;">
            <! -- 账号输入部分 -->
            <div  class = "item">
                < label for = "loginname">账号: </label>
                <input type = "text" name = "loginname"
                 placeholder = "用户名/邮箱/已验证手机">
            </div>
            <! -- 密码输入部分 -->
            <div  class = "item">
                < label for = "loginpwd">密码: </label>
                < input type = "password" name = "loginpsw" placeholder = "密码">
            </div>
            <! -- 登录按钮 -->
            <div>
                < a href = "#">登   录</a>
            </div>
        </form>
    </div>
</div>
```

结构搭建好之后，默认显示出如图 6-17 所示效果。

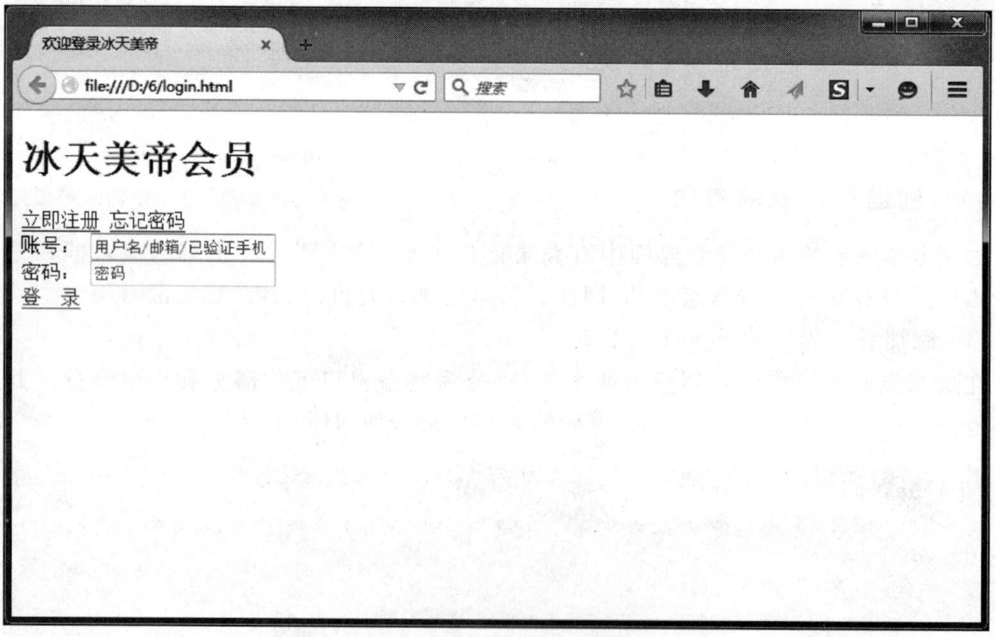

图 6-17 没有添加样式的登录界面

（2）添加样式效果

接下来添加 CSS 样式，先为边距清零，设置文本颜色，代码如下。

```
*{
    padding: 0;
    margin: 0;
}
body{
    color: #404040;
}
```

类 login-form 需要设置外边框，宽度为 400px。为了让内部元素与边框有一定的间隙，设置 20px 的内间距。overflow:hidden 是为了清除浮动。每个输入框的宽度为 330px，高度和 item 的高度均为 40px，并且 item 和输入框有一定的边框。登录按钮用<a>标签设置，display:block 转换成块级元素，实现一个矩形范围内的链接效果。样式代码如下。

```
.login-form{
    width: 400px;
    border: solid 1px #909090;
    margin: 10px auto;
    padding: 20px;
    overflow: hidden;
}
.mt{
    height: 40px;
    overflow: hidden;
}
.mt h1{
    float: left;
}
.regist-link{
    float: right;
    line-height: 40px;
}
.regist-link a,.regist-link a:visited{
    font-size: 12px;
    text-decoration: none;
    color: red;
}
.regist-link a:hover,.regist-link a:focus{
    text-decoration: underline;
}
.form{
    width: 400px;
    margin: 10px auto;
}
```

```
.item{
    width: 390px;
    height: 40px;
    line-height: 40px;
    border: solid 1px #909090;
    margin: 10px 0;
    padding-left: 10px;
    background-color: #eee;
    overflow: hidden;
}
.item input{
    width: 330px;
    height: 40px;
    float: right;
    padding-left: 10px;
    border-left: solid 1px #909090;
    border-right: none;
    border-bottom: none;
    border-top: none;
}
form a,form a:visited{
    display: block;
    width: 400px;
    height: 40px;
    background-color: #D5077F;
    border:solid 1px #BB0F73;
    line-height: 40px;
    text-align: center;
    color: #fff;
    text-decoration: none;
    font-size: 20px;
    font-weight: bold;
}
form a:hover,form a:focus{
    background-color: #ff077F;
}
```

至此,登录界面已经完成。

3. 制作购物车

制作一个购物车页面,其效果如图 6-3 所示。

(1) 添加图片列表的内容

购物车页面可以看作由三大块所组成:购物车标题栏、购物车单个商品栏以及购物车结算栏,HTML 代码如下。

```
<div class = "cart">
    <! -- 购物车标题栏 -->
    <div class = "cart - thead">
        <div class = "cart - checkbox">
              <input type = "checkbox" name = "toggle - checkboxes"></input>全选
        </div>
        <div class = "cart - goods">商品</div>
        <div class = "cart - price">单价(元)</div>
        <div class = "cart - quantity">数量</div>
        <div class = "cart - sum">小计(元)</div>
        <div class = "cart - action">操作</div>
    </div>
    <! -- 购物车单个商品项 -->
    <div class = "item">
        <div class = "cart - checkbox">
            <input type = "checkbox" name = "check - item"></input>
            <img src = "images/mm.png">
        </div>
        <div class = "cart - goods">M&amp;M'S 巧克力豆冰激凌</div>
        <div class = "cart - price">127.58</div>
        <div class = "cart - quantity"><a href = "#"> - </a><input type = "text" value = "1"
         autocomplete = "off"><a href = "#">+</a></div>
        <div class = "cart - sum">127.58</div>
        <div class = "cart - action"><a href = "#">删除</a></div>
    </div>
    <! -- 购物车单个商品项 -->
    <div class = "item">
        <div class = "cart - checkbox">
            <input type = "checkbox" name = "check - item"></input>
            <img src = "images/bjr.png">
        </div>
        <div class = "cart - goods">M&amp;M'S 巧克力豆冰激凌</div>
        <div class = "cart - price">127.58</div>
        <div class = "cart - quantity"><a href = "#"> - </a><input type = "text" value = "1"
         autocomplete = "off"><a href = "#">+</a></div>
        <div class = "cart - sum">127.58</div>
        <div class = "cart - action"><a href = "#">删除</a></div>
    </div>
    <! -- 购物车结算栏 -->
    <div class = "cart - sbm">
        <div class = "btn">
            <a href = "#">去结算</a>
        </div>
        <div class = "info">
            已经<span>0</span>件选择商品   总价:<span>¥0.00</span>
        </div>
```

```
    </div>
</div>
```

显示效果如图 6-18 所示。

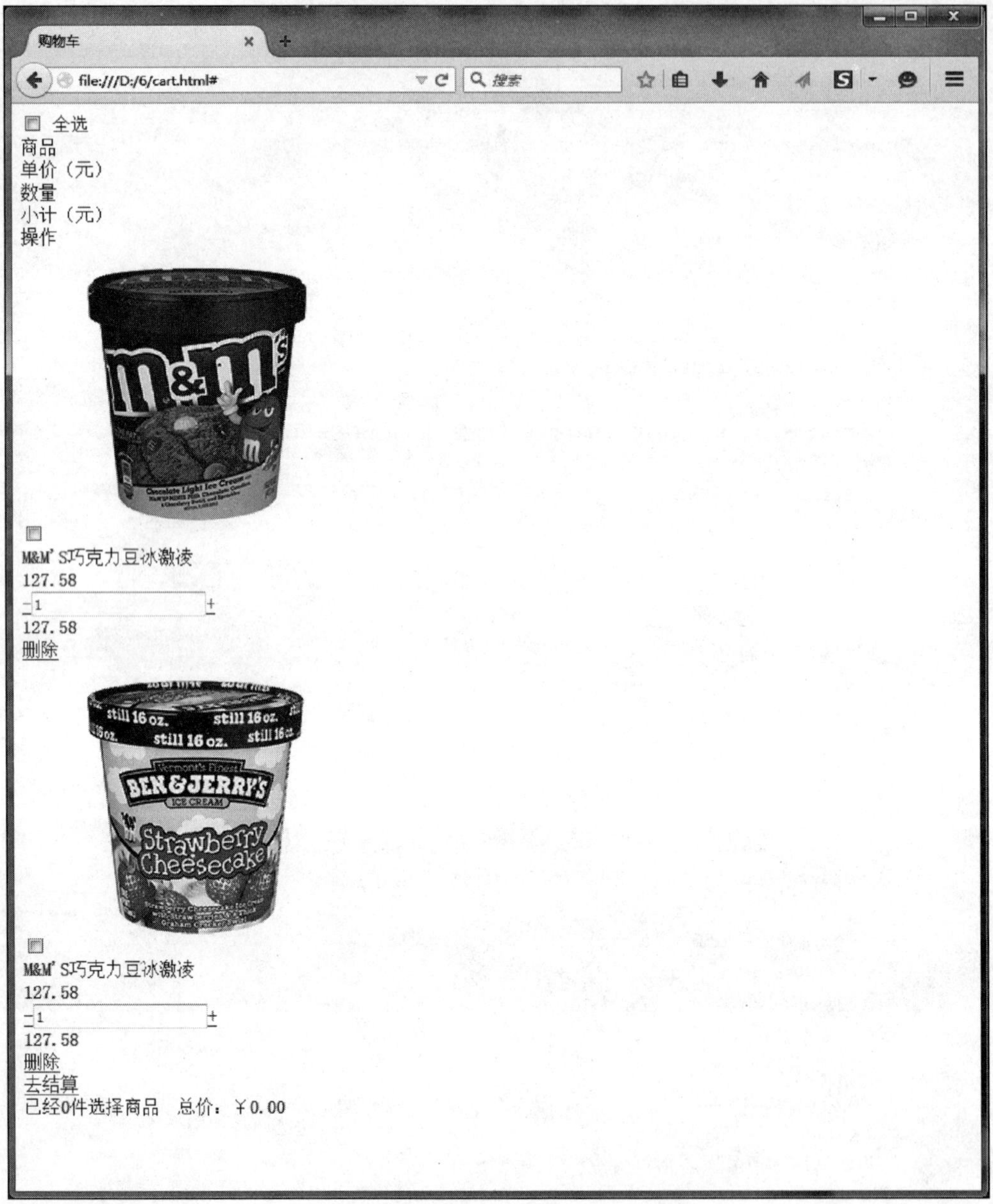

图 6-18　没有添加样式的购物车界面

(2) 设置 CSS 样式

同样，先将边距清零，设置页面字号大小和颜色，代码如下。

```
*{
    padding: 0;
    margin: 0;
}
body{
    color: #404040;
    font-size: 14px;
}
```

这里设置整个购物车 cart 的宽度为 1000px,居中显示。标题栏设置背景色和边框,且有 10px 的内间距。为每一栏内部的元素设置宽度,并设置左浮动。最后一个元素右侧浮动。利用 width 和 height 为图片设置固定的显示大小。CSS 样式代码如下。

```
.cart{
    width: 1000px;
    margin: 20px auto;
}
.cart-thead{
    width: 978px;
    border: 1px solid #e0e0e0;
    background-color: #eee;
    padding: 10px;
    overflow: hidden;
}
.cart-checkbox{
    float: left;
    width: 150px;
}
.cart-goods{
    width: 400px;
    float: left;
}
.cart-price{
    float: left;
    width: 100px;
}
.cart-quantity{
    float: left;
    width:150px;
}
.cart-sum{
    float: left;
    width:100px;
}
```

```
.cart-action{
    float: right;
}
.item{
    width: 978px;
    padding: 20px 10px;
    overflow: hidden;
    border-bottom: 1px solid #e0e0e0;
}
.cart-checkbox input{
    vertical-align: top;
}
.cart-checkbox img{
    width: 100px;
    height: 100px;
}
.cart-quantity input{
    width: 40px;
    height: 20px;
    text-align: center;
    border-left: none;
    border-right: none;
    border-top: 1px solid #e0e0e0;
    border-bottom: 1px solid #e0e0e0;
    float: left;
}
.cart-quantity a,.cart-quantity a:visited{
    color: #404040;
    text-decoration: none;
    display: block;
    width: 20px;
    height: 20px;
    text-align: center;
    border: 1px solid #e0e0e0;
    float: left;
}
.cart-action a,.cart-action a:visited{
    color: #909090;
    text-decoration: none;
}
.cart-sbm{
    margin-top: 20px;
    width: 998px;
    border: 1px solid #e0e0e0;
```

```
    overflow: hidden;
}
.btn{
    width: 150px;
    height: 50px;
    line-height: 50px;
    text-align: center;
    float: right;
}
.btn a,.btn a:visited{
    text-decoration: none;
    font-size: 20px;
    font-weight: bold;
    display: block;
    color: #fff;
    background-color:  #D5077F;
}
.info{
    float: right;
    line-height: 30px;
    margin-right: 20px;
}
.info span{
    color: red;
    margin: 0 2px;
    font-size: 16px;
}
```

至此,购物车页面就完成了。

实训 创建用户注册界面

▶ 实训目的

熟悉并掌握表单元素的使用和CSS样式的设计技巧。

▶ 实训内容

利用前面介绍的技术和方法,制作出如图6-19所示的效果。

在注册界面需要用户设置用户名、密码和验证信息等。在验证码栏有“获取短信验证码”按钮,阅读协议链接前面有个复选框,默认为选中状态。最后需要有一个“立即注册”按钮。

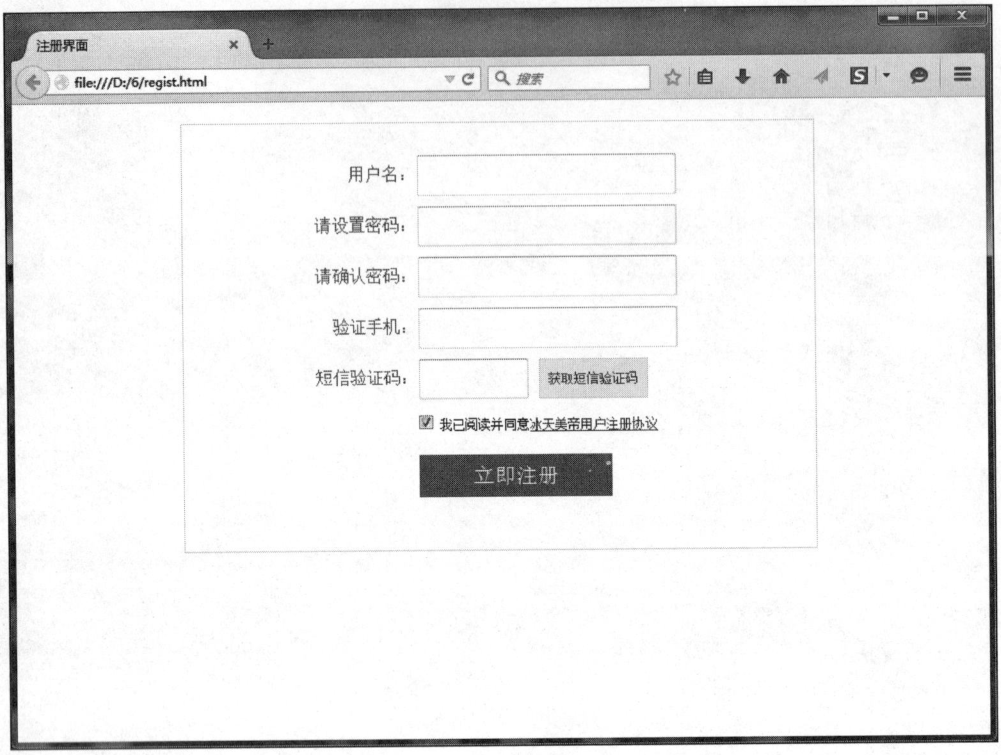

图 6-19 用户注册界面效果

▶ 实训步骤

1. 设计思路分析

将前五行看作由 label 和 input 所组成，放在类 item 中；第六行需要插入一个 checkbox，并利用 checked="cheched"形成已经选中的状态；第七行制作一个按钮式链接"立即注册"。

2. 输入 HTML 代码

HTML 代码如下。

```
<div class = "regist">
 <form method = "post">
      <!-- 用户名 -->
      <div class = "item">
          <label>用户名：</label>
          <input type = "text"></input>
      </div>
```

```
        <!-- 密码 -->
        <div class="item">
            <label>请设置密码：</label>
            <input type="password"></input>
        </div>
        <!-- 确认密码 -->
        <div class="item">
            <label>请确认密码：</label>
            <input type="password"></input>
        </div>
        <!-- 手机号码 -->
        <div class="item">
            <label>验证手机：</label>
            <input type="text"></input>
        </div>
        <!-- 验证码 -->
        <div class="item">
            <label>短信验证码：</label>
            <input class="lastitem" type="text"></input>
            <a href="#">获取短信验证码</a>
        </div>
        <!-- 同意协议 -->
        <div class="protocol">
            <input type="checkbox" checked="cheched"></input>
            <span>我已阅读并同意</span><a href="#">冰天美帝用户注册协议</a>
        </div>
        <!-- 注册按钮 -->
        <div class="btn">
            <a href="#">立即注册</a>
        </div>
    </form>
</div>
```

此时效果如图 6-20 所示。

3. 添加 CSS 样式

先将边距清零，设置注册区域的宽度、内间距和外边框，代码如下。

```
*{
    padding: 0;
    margin: 0;
}
.regist{
    width: 550px;
    padding: 20px;
    margin: 20px auto;
    border: 1px solid #e0e0e0;
}
```

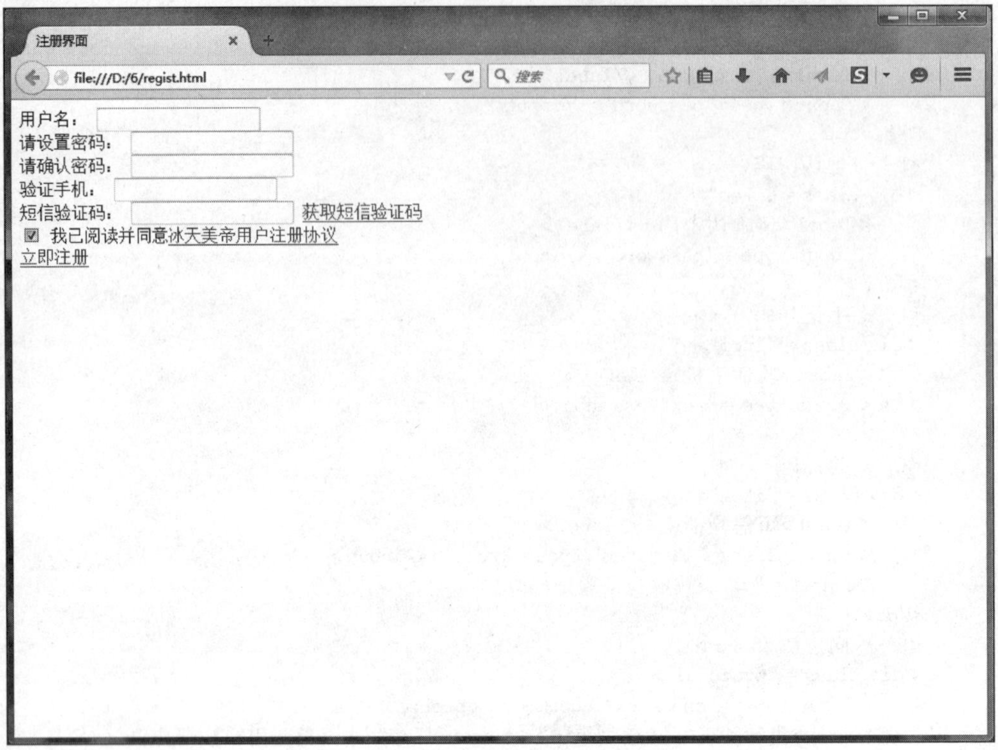

图 6-20　添加样式前的注册界面

再来设置其他样式。第五行中短信验证码后面的 input 宽度大小和前面的宽度大小不一致，所以此处定义类 lastitem，利用 width：100px !important 设置其宽度。利用.item label{text-align：right;}设置 label 内的文本为右对齐。完整的 CSS 样式代码如下。

```
.item{
    width: 450px;
    margin: 10px 0;
    overflow: hidden;
}
.item label{
    width: 200px;
    height: 36px;
    line-height: 36px;
    color: #606060;
    text-align: right;
    float: left;
}
.item input{
    width: 240px;
```

```
    height:36px;
    float: left;
}
.lastitem{
    width: 100px !important;
}
.item a,.item a:visited{
    width: 100px;
    height: 36px;
    display: block;
    line-height: 36px;
    text-align: center;
    font-size: 12px;
    text-decoration: none;
    color: #404040;
    background-color: #efefef;
    border: 1px solid #e0e0e0;
    float: left;
    margin-left: 10px;
}
.item a:hover{
    text-decoration: underline;
}
.protocol{
    margin: 15px 0 15px 200px;
}
.protocol,.protocol a,.protocol a:visited{
    font-size: 12px;
}
.btn{
    margin: 20px 0 30px 200px;
    width: 180px;
    height: 40px;
    background-color: #D5077F;
    font-size: 20px;
    line-height: 40px;
    text-align: center;
}
.btn a,.btn a:visited{
    color: #fff;
    display: block;
    text-decoration: none;
}
```

至此，一个注册界面就完成了。

项目总结

随着网页的交互性需求越来越高，表单成为网页中越来越重要的部分。表单的作用是使用户能够与系统进行交互，例如进行注册、登录、搜索等各种操作。利用 CSS 样式可以设计出多种复杂的表单效果。

课后练习

1. 制作一个搜索栏，效果如图 6-21 所示。

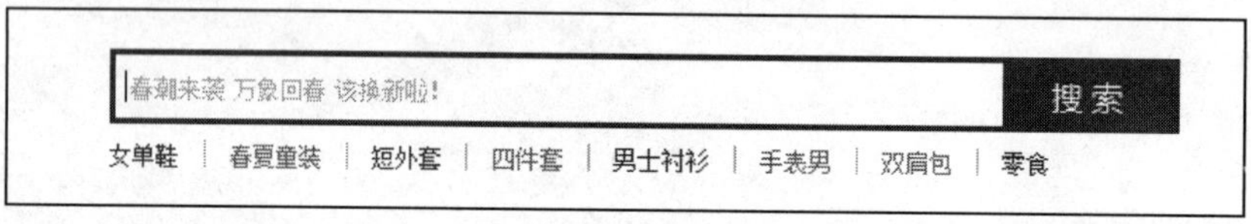

图 6-21　搜索栏

2. 利用素材包中的 img. png 文件制作出如图 6-22 所示的注册页面。(注：圆角边框效果可以参考项目 5 中的知识点 border-radius)

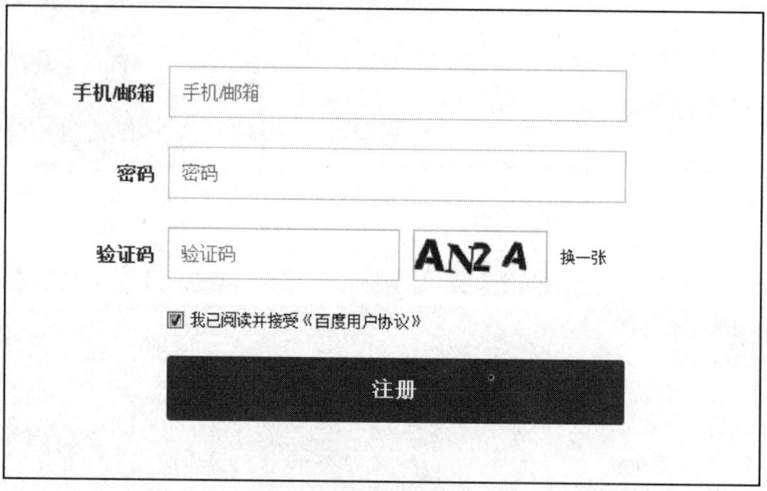

图 6-22　注册页面

项 目 7

美化页面

知识目标

- 了解美化页面的主要方法。
- 理解文本阴影属性。
- 理解 CSS 3 边框的属性。
- 理解视差效果的方法。
- 理解图标字体。

技能目标

- 能够设置文本阴影。
- 能够使用 CSS 3 设置边框属性。
- 能够设置视差效果。
- 会设置网页字体。
- 能够利用图标字体美化页面。

素养目标

- 掌握视差效果的制作思路。
- 探索一种效果的多种实现方法。
- 培养自学、探索的能力。

任务 对页面进行美化

▶ 学习情境

小黄在前面的学习中已经做出基本的框架，大致的样式也实现了，但是，在一些细节方面还没有达到理想的要求。例如，给文本设置投影的效果、用图标字体装饰页面等。还需要学习美化页面的知识。

本项目主要介绍常用的美化页面方法：添加文本效果、设置圆角边框、形成 CSS 视差，以及添加字体型图标。

▶ 任务描述

为了突出显示，小黄希望将“更多精选商品”加上投影，如图 7-1 中区域 1 所示；区域 2 中搜索框的背景为圆角框，并且需要用图标字体生成搜索和购物车图片的效果。

本任务主要内容如下。

(1) 给文本设置投影。

(2) 设置圆角边框。

(3) 用图标装饰网页。

问题引导：

(1) 文本的投影是如何添加的?

图 7-1　美化效果图

(2) 不用图片处理软件能否做出圆角的边框效果?

(3) 能不能在不使用图片的情况下,使用不安全的字体(用户浏览器没有安装的字体)?

(4) 如何让图标放大而不失真?

▶ 任务知识

为了让整个页面更加美观大方,还需要对页面元素细节加以修饰。修饰美化页面的方法有很多,可以利用 CSS 3 的新增属性 text-shadow 为文本添加阴影,可以在不使用图像的基础上使用 border-radius 属性设置圆角边框效果,还可以使用图标字体修饰页面等。

1. CSS 3 文本阴影

在 CSS 3 中变化比较大的一项内容便是与网页排版相关的技术。现在不需要使用任何 JavaScript 代码或图片即可实现丰富的文本样式效果,例如 text-shadow 可以创建阴影效果。

text-shadow 即文本阴影,它可以设置水平阴影、垂直阴影、模糊的距离,以及阴影的颜色,其语法如下。

```
text - shadow: h - shadow v - shadow blur color;
```

text-shadow 属性值及含义如表 7-1 所示。

表 7-1 text-shadow 属性值及含义

属 性 值	含 义
h-shadow	水平阴影的位置(必需)
v-shadow	垂直阴影的位置(必需)
blur	模糊的距离(可选)
color	阴影的颜色(可选)

下面为 HTML 代码。

```
<h1>
    这里是文本阴影效果。
</h1>
```

其样式代码如下。

```
h1{
    text-shadow: 5px 5px 5px #00ff00;
}
```

最终样式效果如图 7-2 所示。

图 7-2 文本阴影效果

不过,IE 9 以及更早的版本不支持 text-shadow 属性;IE 10 及其他主流浏览器支持该属性。

2. CSS 3 边框

利用 CSS 3 可以在不使用图片处理软件的情况下,创建圆角边框,给矩形设置阴影,使用图片绘制边框。

(1) border-radius

CSS 3 中的 border-radius 属性可以轻松地设置元素的圆角边框,其语法如下。

```
border - radius: 1 - 4 length| % / 1 - 4 length| % ;
```

圆角的形状可以通过以具体的 length 值或百分比的方式来设置，例如：

```
border - radius:2em;
```

或者

```
border - radius:10 % ;
```

都可以实现一定的圆角边框效果。

该语法中，斜杠前面第一个参数表示圆角的水平半径，第二个参数表示圆角的垂直半径。第二个参数一般省略，表示和水平半径值一样。

border-radius 属性是一个简写属性，它相当于 border-*-radius。例如，border-radius：2em，等价于下面的代码。

```
border - top - left - radius:2em;
border - top - right - radius:2em;
border - bottom - right - radius:2em;
border - bottom - left - radius:2em;
```

当 border-radius 有四个参数值时，它们分别表示顺时针的方向——上左、上右、下右、下左的圆角半径，代码如下。

```
border - radius:5px 10px 20px 50px;
```

其样式效果如图 7-3 所示。

当 border-radius 有两个参数的时候，分别表示上左和下右、上右和下左；三个参数分别表示上左、上右和下左、下右。

为了兼容老版本浏览器，一般使用前缀，-moz 和-webkit，例如：

```
- moz - border - radius: 5px 10px 20px 50px;              /* 老的 Firefox */
- webkit - border - radius: 5px 10px 20px 50px;           /* 老的 Safari */
border - radius:5px 10px 20px 50px;
```

(2) box-shadow

box-shadow 属性可以为矩形框添加一个或多个阴影，其语法如下。

```
box - shadow: h - shadow v - shadow blur spread color inset;
```

box-shadow 属性值及含义如表 7-2 所示。

图 7-3 边框角度效果

表 7-2 box-shadow 属性值及含义

属 性 值	含 义
h-shadow	水平阴影的位置(必需)
v-shadow	垂直阴影的位置(必需)
blur	模糊距离(可选)
spread	阴影的尺寸(可选)
color	阴影的颜色(可选)
inset	将外部阴影改为内部阴影(可选)

例如:

```
img{
    - moz - box - shadow:3px 3px 6px #666;
    - webkit -- moz - box - shadow:3px 3px 6px #666;
   box - shadow:3px 3px 6px #666;
}
```

该阴影为水平和垂直有 3px 的偏移,投影的模糊距离 6px,投影颜色为#666,实现的样式效果如图 7-4 所示。

(3) border-image

border-image 属性和 CSS 2 中 background 属性有点类似,也包括图片、剪裁位置和重

图 7-4　矩形框阴影效果

复性。border-image 属性是一个简写属性，用于设置以下属性。

- border-image-source(用在边框的图片的路径)；
- border-image-slice(图片边框向内偏移)；
- border-image-width(图片边框的宽度)；
- border-image-outset(边框图像区域超出边框的量)；
- border-image-repeat(图像边框是否应平铺(repeated)、铺满(rounded)或拉伸(stretched))。

图 7-5　素材图片

图 7-5 所示为素材图片，下面代码实现的效果如图 7-6 所示。

```
#bdimage {
    -webkit-border-image: url(img/7-5.png) 60 60 round;
    -moz-border-image: url(img/7-5.png) 60 60 round;
   border-image: url(img/7-5.png) 60 60 round;
   height: 200px;
   width: 500px;
```

```
        border - top - width: 15px;
        border - right - width: 15px;
        border - bottom - width: 15px;
        border - left - width: 15px;
        border - top - style: solid;
        border - right - style: solid;
        border - bottom - style: solid;
        border - lcft - style: solid;
    }
```

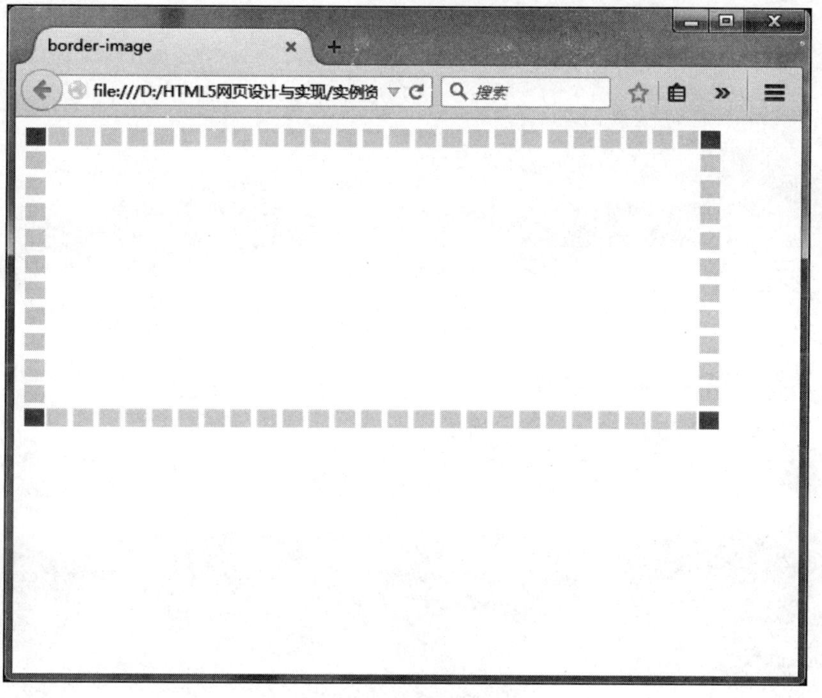

图 7-6　图片边框效果

目前，IE 11、Firefox、Opera 15、Chrome 与 Safari 6 浏览器支持 border-image 属性。

3. CSS 视差效果

利用背景图像可以实现一定的视差效果，即当调整窗口大小时，背景图像会产生不同速度的移动。可以使得整个页面有层次、有深度，添加活泼感。

为了实现该效果，需要创建几个不同的背景图片。首先在 body 元素上设置主背景和颜色，再创建一个 DIV 容器放置另一个背景图像，并设置两个背景图像相对于窗口大小有不同的水平偏移，这样就能产生视差效果。HTML 代码如下。

```
<body>
    <div id="frontgound">
    </div>
</body>
```

样式代码如下所示。

```
body {
    background-color: #09F;                              /* 设置蓝色背景色 */
    background-image: url(img/bg-back.png);              /*设置背景图像 */
    background-repeat: repeat-x;                         /* 背景图像水平重复 */
    background-position: 20% 0px;                        /* 产生 20% 的偏移 */
}
#frontgound {
    height: 600px;
    width: 100%;
    background-image: url(img/bg-front.png);             /* 设置前景图像 */
    background-repeat: repeat-x;                         /* 水平重复 */
    background-position: 150% 0px;                       /* 产生 150% 的偏移 */
}
```

当水平调整浏览器窗口大小时，不同的背景图片会以不同速度移动，产生有深度的感觉，如图 7-7 和图 7-8 所示。

图 7-7　调整窗口大小前的效果

图 7-8 调整窗口大小后的效果

4. @font-face

往常在网页中通常定义一个安全的字体(即用户的计算机上安装好的字体),以便用户的机器能够正常显示。如果需要用到特殊字体,一般将其制作成图片再使用。但是这种方法比较麻烦,不易修改。

现在,通过 CSS 3 的@font-face,即可以在不使用图片素材的情况下使用任何字体了,不需要考虑用户的机器上是否安装了该字体。

@font-face 的语法如下。

```
@font - face{
    font - family:< Your WebFontName >;
    src:< source >[< format >][,< source >< format >] * ;
    [font - weight: < weight >];
    [font - style: < style >];
}
```

其中,Your WebFontName 为自己定义的字体名称; source 为字体的存放路径; format 为自定义的字体,供浏览器识别,其格式主要有 truetype、opentype、truetype-aat、embedded-opentype、avg 等。

不同浏览器对字体格式的支持是不一致的,如 Firefox、Chrome、Safari 以及 Opera 支持.ttf (TrueType Fonts)和.otf (OpenType Fonts)类型的字体。IE 9+支持新的@font-face 规则，但是仅支持. eot 类型的字体(Embedded OpenType)。IE 8 以及更早的版本不支持新的@font-face 规则。

这就意味着在@font-face 中至少需要. woff 和. eot 两种格式字体，甚至还需要. svg 等字体以得到更多种浏览版本的支持。为了使@font-face 得到更多的浏览器支持，Paul Irish 写了一个独特的@font-face 语法叫 Bulletproof @font-face，代码如下。

```
@font-face {
    font-family: 'YourWebFontName';
    src: url('YourWebFontName.eot?') format('eot');                /* IE */
    src:url('YourWebFontName.woff') format('woff'), url('YourWebFontName.ttf')
            format('truetype');                                    /* non-IE */
}
```

font-weight 定义字体是否为粗体，如 bold、normal; font-style 定义字体，如 italic。

以在 dafont.com 下载 sound_of_silenceregular 字体为例，在下载字体页面找到该字体，并单击相应 Download 按钮(见图 7-9)。下载后解压会得到 Sound of silence. ttf 的特殊字体。现在需要得到@font-face 所需的. eot、. woff、. ttf、. svg 字体格式，这时可以采用 fontsquirrel 页面字体生成器(http://www.fontsquirrel.com/tools/webfont-generator)生成这些格式的文件(见图 7-10)。

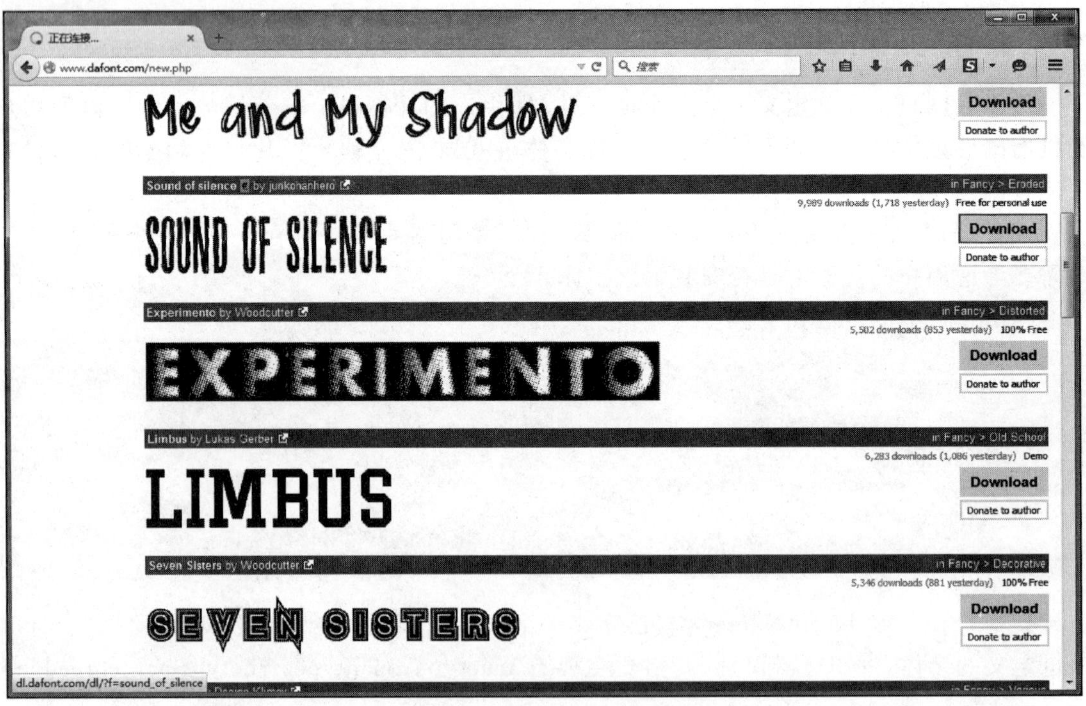

图 7-9 从 dafont.com 下载字体

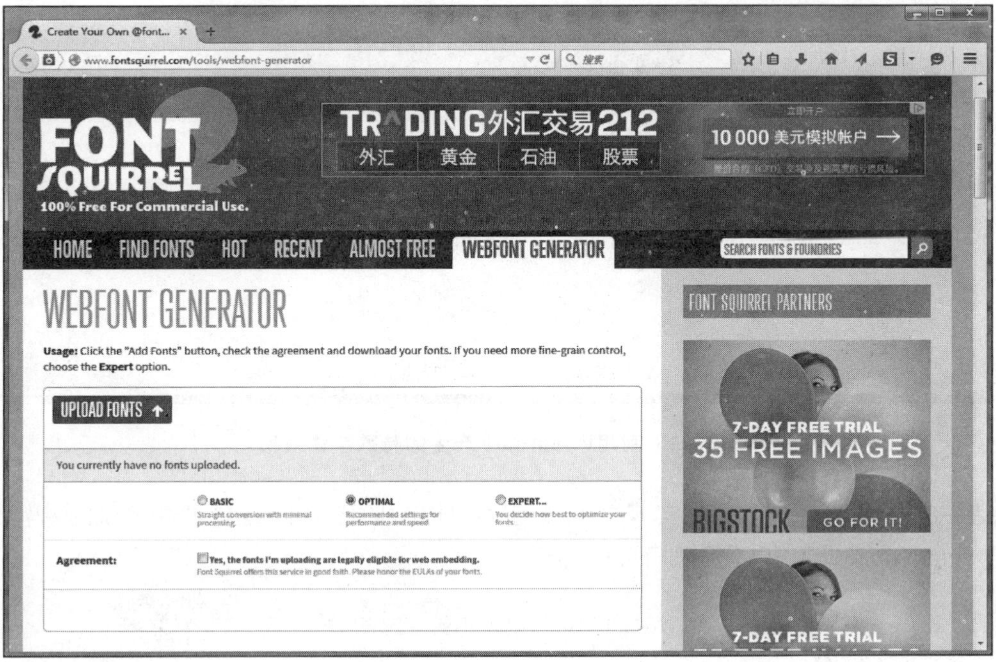

图 7-10 fontsquirrel 页面字体生成器

下载的字体加载到本地项目后，就可以制作该样式了，代码如下。

```
@font - face{
    font - family:sound_of_silenceregular;
    src:url(font/Sound % 20of % 20silence - webfont.eot);
    src:url(font/Sound % 20of % 20silence - webfont.svg);
    src:url(font/Sound % 20of % 20silence - webfont.ttf);
    src:url(font/Sound % 20of % 20silence - webfont.woff);
}
h1.fontface{
    font - family:sound_of_silenceregular;
}
```

HTML 代码如下。

```
<h1 class = "fontface"> Sound of silence </h1 >
```

最终的样式效果如图 7-11 所示。

因为中文字体过于庞大，小则三五兆，大则十几兆，所以在线字体只流行于英文网站。不过通过按需截取的方式生成小字库，可以小到几十 KB，甚至几 KB，可以有效控制字体文件的大小，使中文也加入了网络字体的阵营。

下面代码为在“有字库”网站(http://www.youziku.com/Home/recommend)中使用奶

图 7-11　利用@font-face 产生的特殊字体效果

油小甜心字体的方法，在需要实现效果文字的 HTML 代码标签属性中添加代码“font-family:NaiYou230821;”，代码如下。

```
<h1 style="font-family:NaiYou230510;">奶油小甜心效果</h1>
```

在<head>标签中添加以下代码。

```
<link href='http://www.youziku.com/webfont/CSS/88dbe0f7f92311cab6ad192d5aa6411d' rel='
stylesheet' type='text/css'/>
```

最终实现的效果如图 7-12 所示。

图 7-12　奶油小甜心字体效果

注意：测试时，需要通过本地建立的虚拟网站或发布到外网进行测试，否则看不到效果。

5. 图标字体

之前在设计网站页面时比较纠结的一个问题就是位图图片不能很好地进行缩放，当图片进行放大时会失真（即变模糊），当图片进行缩小时就会浪费掉像素。而且加载每一张图片都需要一次 HTTP 请求，因此也拖慢了整个页面的加载时间。另外，要是没有图片编辑器（软件）的话就很难对图片进行编辑、处理等操作。

字体就不会有以上这些问题，字体可以进行随意缩放并且每一个字符都不需要进行额外的 HTTP 请求，这时图标字体就出现了。现在，人们把网站中用到的各种图标使用 font 来实现，即图标字体（icon font）。图标字体是字体文件，用符号和字形的轮廓（像箭头、文件夹、放大镜等）代替标准的文字。使用图标字体相对于基于图片的图标来说，有如下的好处。

（1）可自由变化大小。

（2）可自由修改颜色。

（3）可添加阴影效果。

（4）支持 IE 6。

（5）支持图片图标的其他属性，如透明度和旋转等。

（6）只要浏览器支持，可以添加 text-stroke 和 background-clip：text 等属性。

目前有很多图标字体库，如 Font Awesome、Foundation Icon Fonts 2、icomoon、阿里 icon font 等，这里以 Font Awesome 为例来讲解如何使用。

到 http://www.bootcss.com/p/font-awesome/下载 Font Awesome 3.0，图 7-13所示为 Font Awesome 的下载页面。

图 7-13 Font Awesome 下载页面

下载解压后会看到 font 文件夹,里面有我们需要的字体格式。将 font 文件夹和 font-awesome. min. css 文件复制到项目中,在 HTML 文档的<head>中引入 font-awesome . min. css 文件,代码如下。

```
<link href = "css/font - awesome.min.css" rel = "stylesheet" type = "text/css" />
```

图标类不能和其他组件直接联合使用。它们不能在同一个元素上与其他类共同存在。应该创建一个嵌套的<span>或者<i>标签,并将图标类应用到这个标签上。在 HTML 文档的<body>中输入如下代码。

```
<i class = "icon - briefcase"></i> icon - briefcase
<i class = "icon - briefcase icon - large"></i> icon - briefcase
<i class = "icon - briefcase icon - 2x"></i> icon - briefcase
<i class = "icon - briefcase icon - 3x"></i> icon - briefcase
<i class = "icon - briefcase icon - 4x"></i> icon - briefcase
<i class = "icon - briefcase icon - 5x"></i> icon - briefcase
```

通过应用 icon-large(增大 33%)、icon-2x、icon-3x、icon-4x 或 icon-5x 样式让图标变得更大。最终效果如图 7-14 所示。

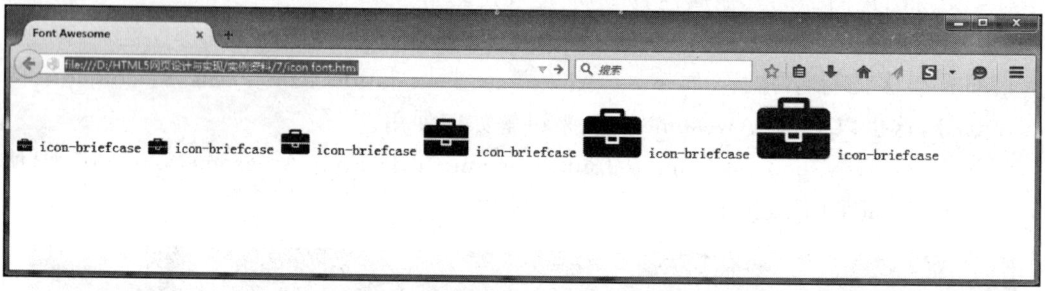

图 7-14 Font Awesome 图标字体效果

▶ 任务实施

下面利用 text-shadow 完成文本阴影效果,利用 border-radius 属性实现元素圆角边框,利用 Font Awesome 图标字体添加搜索和购物车图标。

1. 设置文本效果

在一个图像上显示文字,并且该文字有阴影效果,如图 7-1 中区域 1 所示,具体操作步骤如下。

(1) 添加文本内容

首先添加需要显示的图像和文字。为了更好地控制文本信息,用<span>标签完成。设置类名为. ickbuy-more-title,代码如下。

```
<div class = "ickbuy - more">
    <a href = "#">
        <img src = "img/ickbuy - more.png" alt = "更多精选商品">
        <span class = "ickbuy - more - title">更多精选商品</span>
    </a>
</div>
```

图 7-15 所示为无样式效果。

图 7-15　添加样式前效果图

(2) 设置文本信息的位置

为了让文本信息显示在图片上面，需要设置其位置为 position: absolute，再利用 left 和 top 控制其具体位置，代码如下。

```
.ickbuy - more - title{
    position: absolute;
    left: 20px;
    top:20px;
}
```

同时，还要设置文本元素的父元素 position: relative，代码如下。

```
.ickbuy - more {
    position: relative;
}
```

此时，预览效果如图 7-16 所示。

(3) 设置文本颜色和阴影

蓝色文本不是很美观，可设置为白色，同时加粗和修改字号，代码如下。

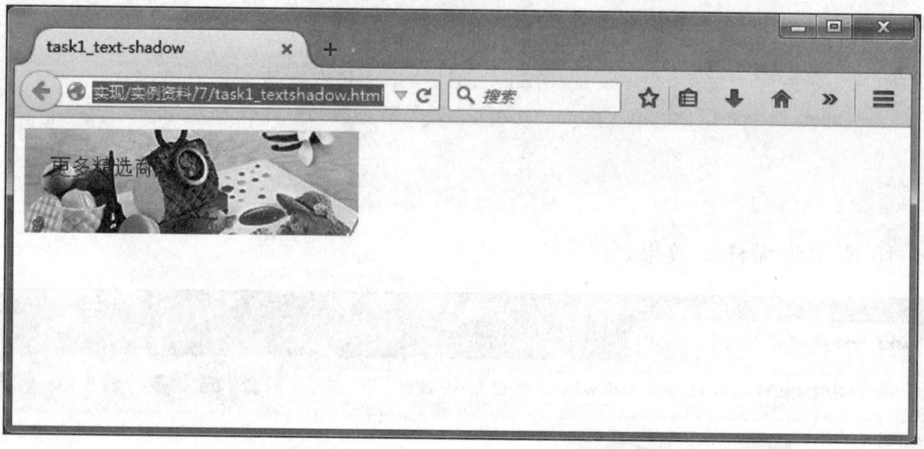

图 7-16　文本位置调整后的效果

```
.ickbuy-more-title{
    position: absolute;
    left: 20px;
    top:20px;
    color: #fff;
    font-size: 20px;
    font-weight: bolder;
}
```

利用 text-shadow 属性可设置文本的阴影效果。

```
text-shadow:1px 2px 3px rgba(0,0,0,0.5);
```

设置文本效果的完整样式代码如下。

```
.ickbuy-more-title{
    position: absolute;
    left: 20px;
    top:20px;
    color: #fff;
    font-size: 20px;
    font-weight: bolder;
    text-shadow:1px 2px 3px rgba(0,0,0,0.5);
}
.ickbuy-more {
    position: relative;
}
```

至此，文本样式效果就完成了，最终效果如图 7-17 所示。

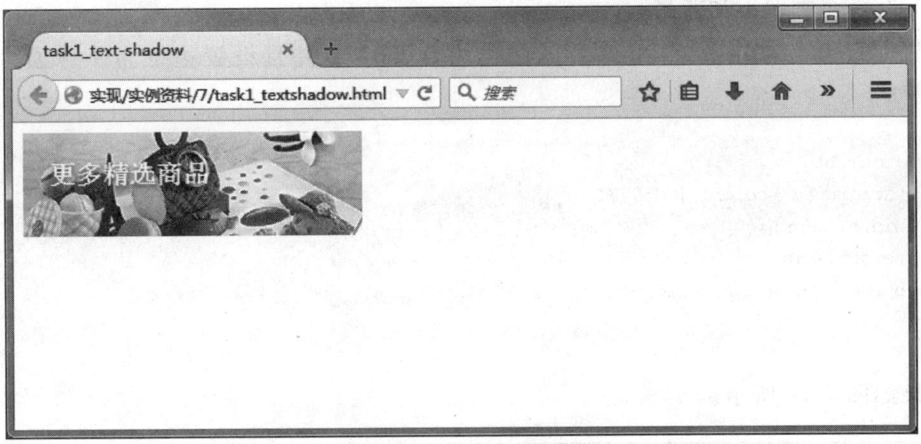

图 7-17 文本阴影效果

2. 创建圆角边框

如图 7-1 区域 2 所示，搜索图标背景为圆角边框。设置圆角边框背景的操作步骤如下。

(1) 添加内容

因为本例需要实现一个搜索按钮，内部需要放置搜索图标，所以这里用<button>标签来制作，代码如下。

```
< button type = "submit" name = "search - btn" id = "search - btn"></button>
```

因为仅设置了值属性，没有设置任何样式，所以其效果如图 7-18 所示。

图 7-18 无内容的按钮效果

(2) 设置元素大小和背景

设置元素大小为 28px×28px，背景颜色为 # d5077f，并且设置边框为 1 像素大小的实线，代码如下。

```
#search-btn {
    background-color: #d5077f;
    width: 28px;
    height: 28px;
    border: solid 1px #bb0f73;
}
```

效果如图 7-19 所示。

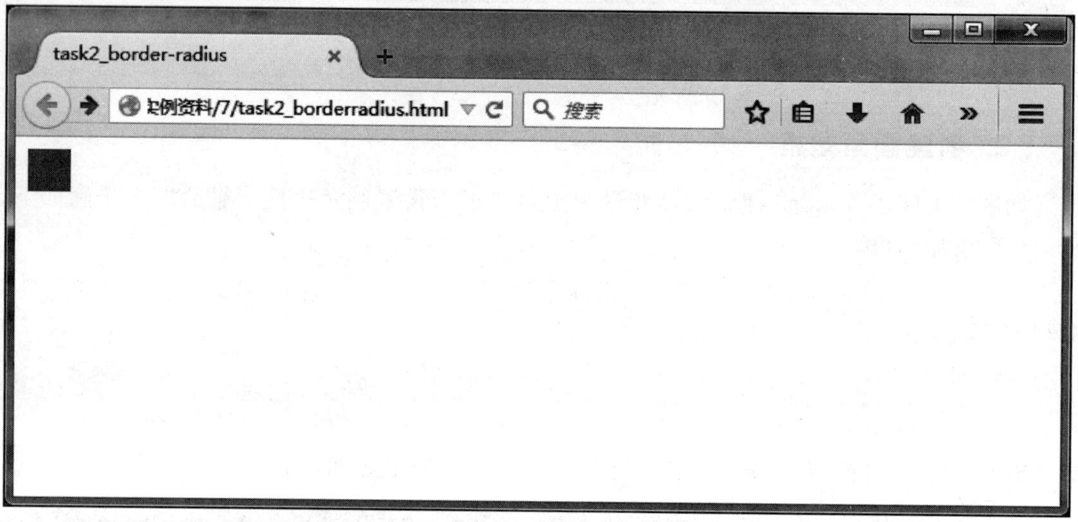

图 7-19　设置大小和颜色后的按钮

(3) 设置圆角边框

可以利用 border-radius 设置圆角边框效果，这里设置四个角的圆角半径都为 4px。

```
border-radius: 4px;
```

设置后，样式效果如图 7-20 所示。

(4) 设置鼠标指针类型

此时，当鼠标指针移动到搜索框内部时没有出现链接指针效果，因此需要设置 cursor: pointer。cursor 属性定义了鼠标指针移入一个元素边界范围内时的光标形状，pointer 值使鼠标指针呈现为指示链接的指针，即一只手的形状。

```
cursor: pointer            /* 使鼠标出现链接指针效果 */
```

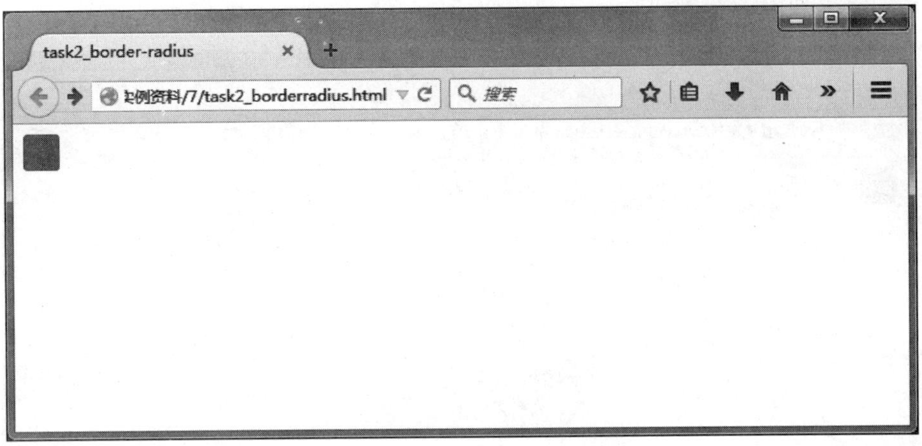

图 7-20 圆角边框效果

创建圆角边框的完整样式代码如下。

```
#search-btn {
    background-color: #d5077f;
    width: 28px;
    height: 28px;
    border: solid 1px #bb0f73;
    border-radius: 4px;
    cursor: pointer;
}
```

至此，搜索按钮的圆角边框背景效果就完成了。

3. 使用图标字体

在学习了图标字体知识后，可以利用图标字体为图 7-1 区域 2 中添加搜索图标和购物车的图标。

(1) 添加搜索图标

下面以创建圆角边框为基础，以此为背景添加搜索图标。这里采用 Font Awesome 图标字体库。将之前介绍下载的 Font Awesome 字体文件夹和 font-awesome.min.css 文件复制到本项目中，并且在<head>内部链接该样式。

```
<link href="css/font-awesome.min.css" rel="stylesheet" type="text/css" />
```

在<button>内部添加<i>标签，并且设置类名称为 icon-search。

```
<button type="submit" name="search-btn" id="search-btn">
    <i class="icon-search"></i>
</button>
```

其样式效果如图 7-21 所示。

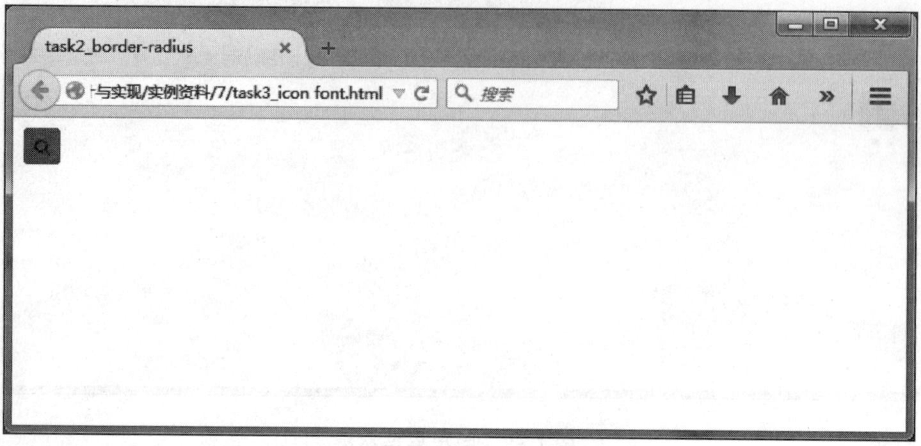

图 7-21　添加图标字体后的效果

(2) 修饰搜索图标

还有一些细节需要修饰,如黑色的图标不够美观,可以考虑将搜索图标改成白色。因为图标字体也是一种字体文件,所以修改图标颜色时只须修改 color 即可,代码如下。

```
#search-btn {
    background-color: #d5077f;
    width: 28px;
    height: 28px;
    border: solid 1px #bb0f73;
    border-radius: 4px;
    cursor: pointer;
    color: #fff;
}
```

另外,搜索图标略小,可添加类 icon-large 来修改搜索图标的大小。

```
<button type="submit" name="search-btn" id="search-btn">
    <i class="icon-search icon-large"></i>
</button>
```

最终效果如图 7-22 所示。

(3) 添加购物车图标

添加购物车的图标字体还是采用同样的方法,在 button 标签后面加上关于购物车的 <div> 标签,代码如下。

```
<button type="submit" name="search-btn" id="search-btn">
    <i class="icon-search icon-large"></i>
```

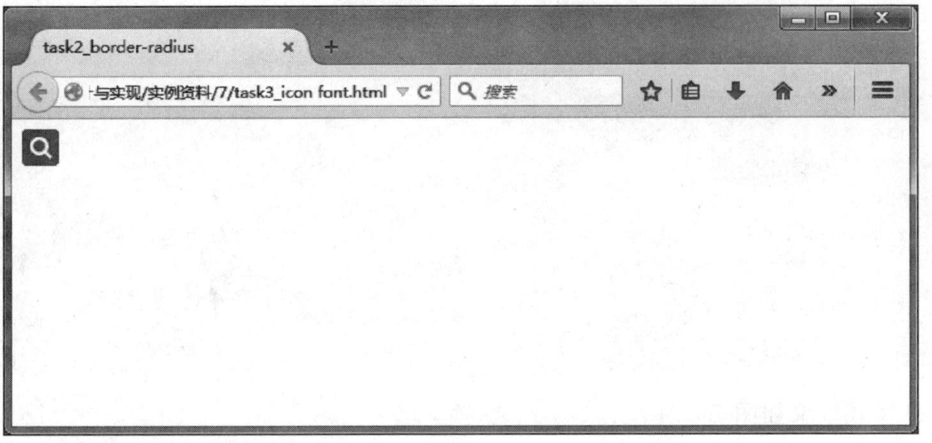

图 7-22 修饰搜索图标后效果

```
</button>
<div class="nav-cart">
    <a href="#">
        <span>购物车</span>
    </a>
</div>
```

为了添加购物车的图标字体，在<span>元素前面加上一对<i>标签，并用类 icon-shopping-cart 来显示购物车图标，用类 icon-2x 设置该图标的大小。

```
<i class="icon-shopping-cart icon-2x"></i>
```

再添加类 nav-cart 的样式代码。

```
.nav-cart,.nav-cart a{
    margin-left:5px;
    color:#d5077f;
    text-decoration:none;
}
```

为了让搜索和购物车两个图标水平排列，设置 float 属性为 left，完整样式代码如下。

```
#search-btn {
    background-color: #d5077f;
    width: 28px;
    height: 28px;
    float:left;
    border: solid 1px #bb0f73;
    border-radius: 4px;
```

```
    cursor: pointer;
    margin-top:3px;
    color:#fff;
}
.nav-cart,.nav-cart a{
    margin-left:5px;
    float:left;
    color:#d5077f;
    text-decoration:none;
}
```

最终样式效果如图 7-23 所示。

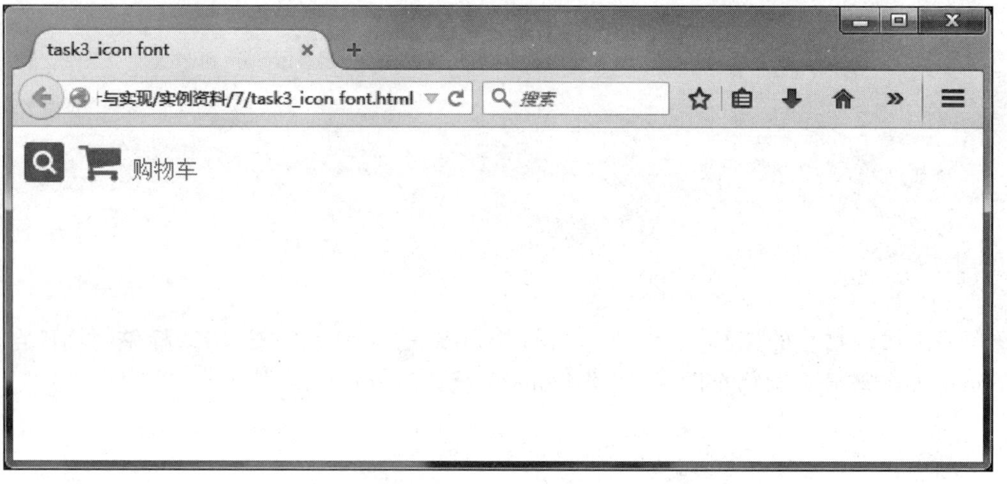

图 7-23　添加搜索和购物车图标字体后的效果

实训　美化导航条

▶ 实训目的

熟悉并掌握边框和图标字体的设置方法及技巧。

▶ 实训内容

利用前面介绍的技术和方法，制作出如图 7-24 所示的效果。

这是一个导航列表，需要用到无序列表制作导航条的方法；该列表的外框有圆角边框效果；每个列表项前面有一个图标，当鼠标悬停时，还需要设置文本颜色为白色，背景色为红色。

图 7-24 美化导航条后的效果

▶ 实训步骤

1. 设计思路分析

导航条采用无序列表<ul>制作。圆角边框效果利用 border-radius 设置。列表项前面的图标采用图标字体(这里采用的是 Font Awesome 字体库)的方法添加,这样当鼠标悬停时只是修改文本颜色 color 即可修改图标的颜色。

2. 链接样式

将 Font Awesome 字体文件夹和 font-awesome. min. css 文件复制到本项目中,并且在<head>内部链接该样式,代码如下。

```
<link href = "css/font-awesome.min.css" rel = "stylesheet" type = "text/css" />
```

3. 输入代码

输入 HTML 代码,并添加相应图标。

```
<ul class = "nav">
    <li><a href = "#"><i class = "icon-home"></i> 首页</a></li>
    <li><a href = "#"><i class = "icon-book"></i> 图书馆</a></li>
    <li><a href = "#"><i class = "icon-pencil"></i> 应用</a></li>
    <li><a href = "#"><i class = "icon-cogs"></i> 设置</a></li>
</ul>
```

4. 设置样式

设置类 nav 的样式，代码如下。

```
.nav {
    border - radius:4px;                                /* 圆角半径为 4px */
    list - style - type: none;
    width: 200px;
    background - color: #E3E3E3;
    margin: 0px;
    padding: 0px;
    border: 1px solid #CCC;
}
```

5. 设置导航链接

设置导航链接效果，代码如下。

```
.nav li a,.nav li a:visited{
    padding - left:5px;
    height:1.5em;
    line - height:1.5em;
    display:block;
    text - decoration:none;
    font:"微软雅黑";
    font - size:16px;
    color:#ff0000;;
}
```

6. 鼠标悬停效果

设置鼠标悬停效果，代码如下。

```
.nav li a:hover{
    background - color:#f00;
    color:#fff;                                /* 图标和文字的颜色都为白色 */
}
```

这样就实现了如图 7-24 所示的导航条效果。

项 目 总 结

本项目中介绍了美化页面的常用方法，如文本阴影和边框的设置，包括 border-radius、border-image 等，还有制作视差效果的方法，以及如何利用@font-face 和图标字体装饰页面。

学好页面美化技巧会为网站页面增加美感、添加活泼感，会为用户带来很好的客户体验。

课后练习

1. 利用图标字体制作如图 7-25 所示的列表。

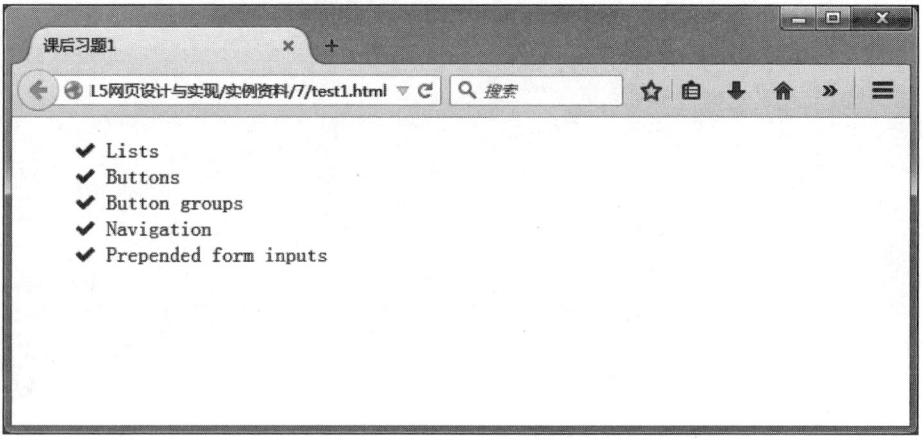

图 7-25 列表效果

2. 利用素材中的 coffee.jpg 和文本阴影的方法制作如图 7-26 所示的效果。

图 7-26 文本阴影效果

3. 在网上下载合适的素材，利用本项目中介绍的方法制作具有视差效果的背景。

项　目 8

添加动态效果

知识目标

- 了解 JavaScript、jQuery 的基本概念。
- 理解 jQuery 选择器。
- 理解 jQuery 中的事件和动画。

技能目标

- 能够编写简单的 jQuery 代码。
- 能够掌握 jQuery 插件的使用方法。
- 能够编写常用动态效果。

素养目标

- 探索最优的编程思路。
- 培养团结协作的精神。
- 培养自学探索的习惯。

任务 为页面添加动态效果

▶ 学习情境

小黄在完成前面介绍的任务后，网页的制作就接近尾声了，不过接下来他还想为页面添加一些动态效果，例如将中间的大图实现轮播效果、搜索框中显示/隐藏关键词、选项卡可以切换等。

本项目首先介绍 JavaScript 和 jQuery 的基本含义，通过实例讲解其基本操作，让大家掌握常用的动态效果制作方法。

▶ 任务描述

在页面头部有一个搜索框，该搜索框需要设置默认关键词，当搜索框获得焦点，如单击搜索框时，默认关键词消失，如图 8-1 和图 8-2 所示。

图 8-1 搜索框中显示默认关键词

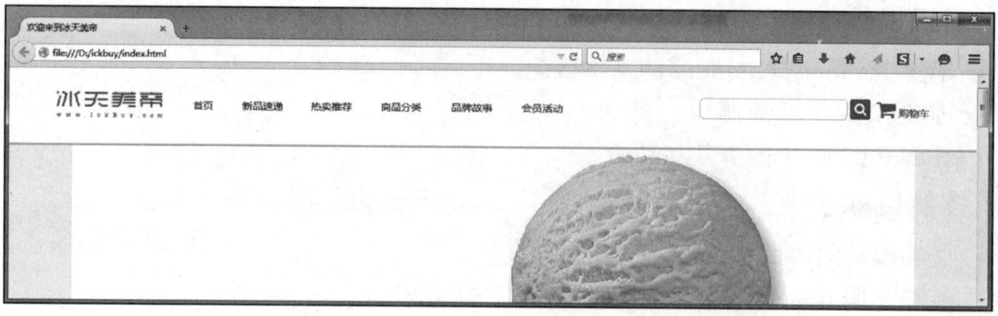

图 8-2　单击搜索框后默认关键词消失

在页面中间区域，需要有大图轮播显示，当单击左下角标签时，中间显示相应的图片信息，如图 8-3 所示。

图 8-3　轮播效果图

在产品单页中，当鼠标指针滑过产品图片上时，显示该图片的大图，出现放大镜的效果，如图 8-4 和图 8-5 所示。

客户单击“加入购物车”按钮后，希望出现提示窗口，提示用户所要购买商品的名称、价格、克数和选购数量，如图 8-6 所示。

商品介绍的详情中往往会出现多个选项，如图 8-7 所示，当客户点击某一选项卡，在下面内容显示区域就会出现相应的信息，即切换选项卡效果。

本任务主要内容如下。

（1）显示与取消搜索框默认关键词。

（2）设置图片轮播。

（3）实现产品图片放大镜效果。

（4）显示提示窗口。

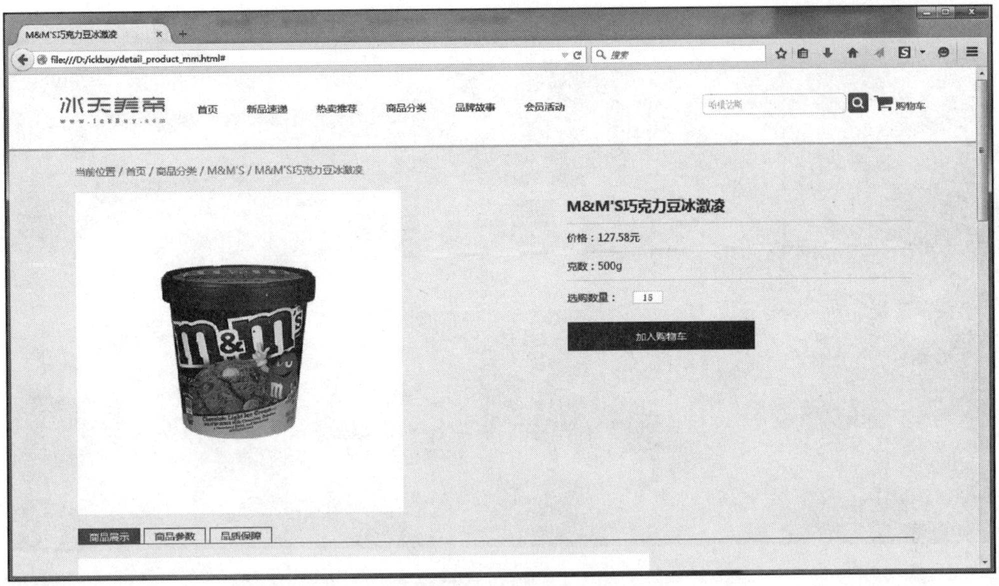

图 8-4　鼠标悬停前图片效果

图 8-5　鼠标悬停后图片效果

(5) 切换选项卡。

问题引导：

(1) 图片轮播、放大镜效果等是利用什么编程语言实现的？

(2) 该语言的程序结构是什么？如何使用它？

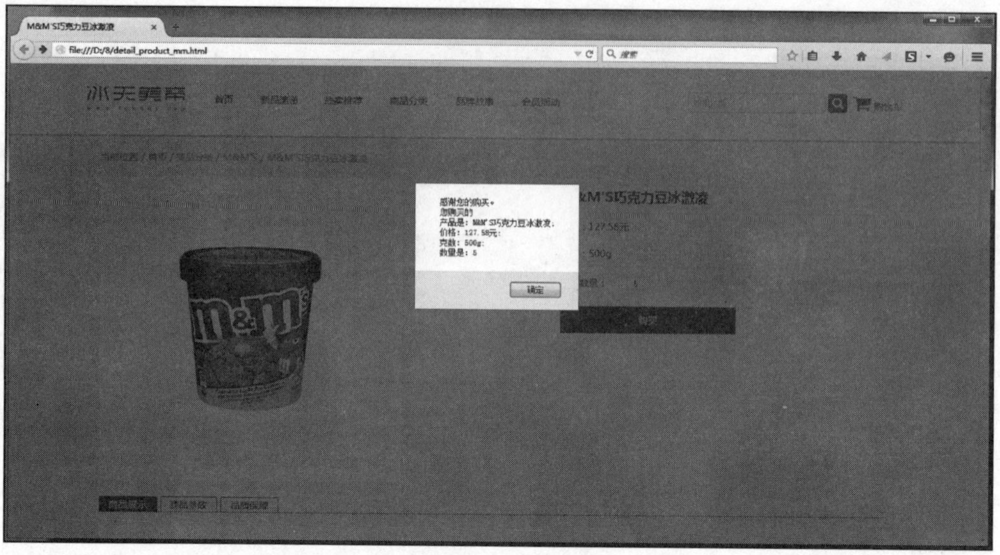

图 8-6　弹出窗口效果

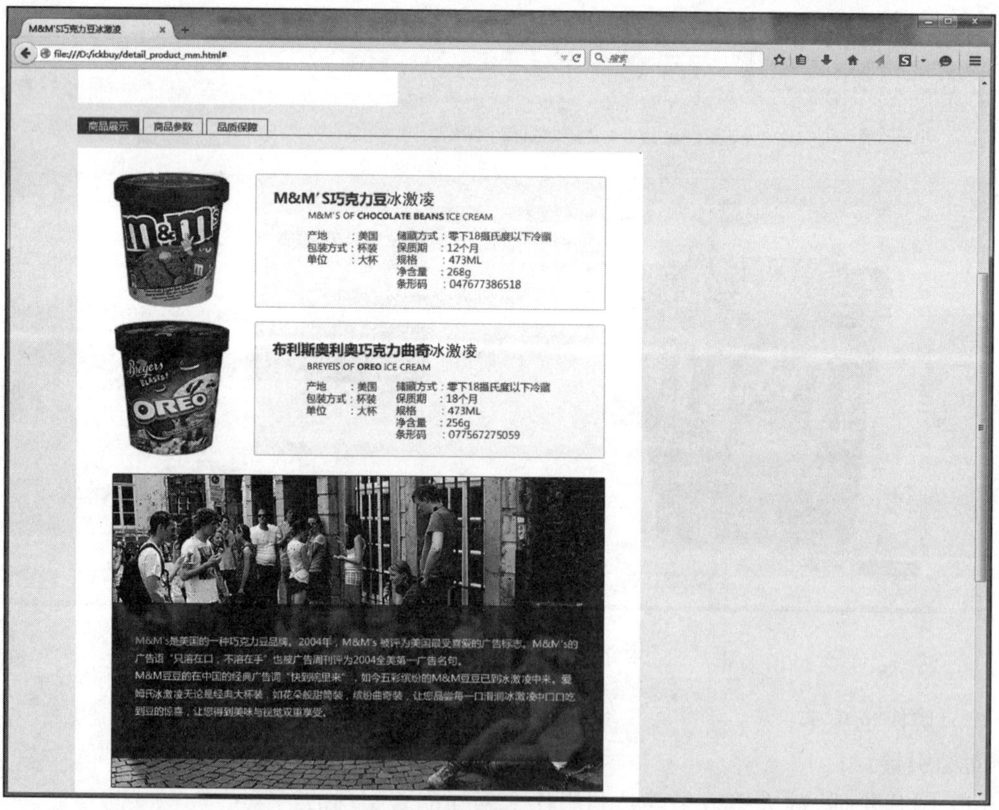

图 8-7　选项卡效果

▶ 任务知识

1. JavaScript

前端开发工程师除了需要掌握描述网页内容的 HTML 和描述网页样式的 CSS 之外，还需要掌握一门技能，那就是描述网页行为的 JavaScript。

JavaScript 可以用来改进网页的设计，可以让网页和用户之间实现实时、动态和交互的关系，使网页可以包含更多活跃的元素和更加精彩的内容。它可以用来验证表单，检测浏览器等。本书中的任务，如轮播图片、放大镜效果、选项卡等都是利用 JavaScript 实现的。

JavaScript 是面向 Web 的编程语言。目前绝大多数网站都使用了 JavaScript，并且目前的常用浏览器都包含了 JavaScript 解释器。

JavaScript 代码可以通过＜script＞标签来嵌入 HTML 文件中。

```
<html>
<head>
    <script type = "text/javascript" src = "js/jquery - 1.11.2.js"></script>
        //引入一个 JavaScript 库
</head>
<body>
    <script type = "text/javascript">
        //这里编写嵌入到 HTML 文件中的 JavaScript 代码
    </script>
</body>
</html>
```

2. jQuery

为了简化 JavaScript 的开发，一些 JavaScript 程序库就诞生了，如 Prototype、Dojo、jQuery 等。

jQuery 是一个由 John Resig 创建于 2006 年 1 月的开源项目，目前其团队主要包括核心库、UI、插件和 jQuery Mobile 等开发人员以及推广和网站设计、维护人员。jQuery 语法简洁，而且有良好的跨平台的兼容性，它可以让用户在 DOM 中移动、修改页面的外观和动态地修改页面的内容。

jQuery 强调的理念是写得少，做得多。它的优势主要有：轻量级、强大的选择器、出色的 DOM 操作的封装、可靠的事件处理机制、完善的 Ajax、出色的浏览器兼容性、丰富的插件支持等。

(1) 获取和使用 jQuery

jQuery 是一个开源的库文件，可以在官方网站 http://jquery.com/中下载最新的 jQuery 库文件，如图 8-8 所示。

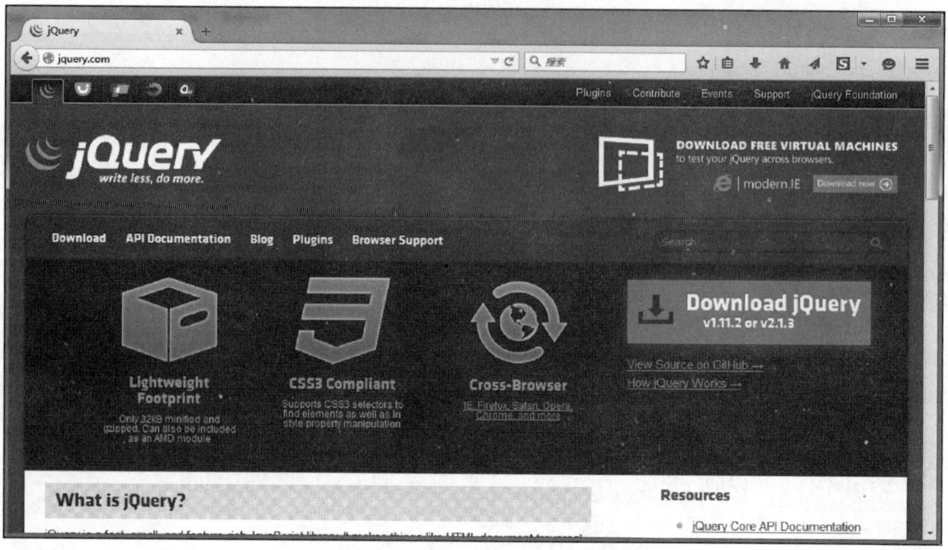

图 8-8 jQuery 库下载页面

jQuery 库分为两种,分别是生产版和开发版。生产版文件主要用于测试和学习,名称一般为 jquery.js;开发版文件主要应用于产品和项目,名称一般为 jquery.min.js。

本书将 jquery-1.11.2.js 放在目录 js 下,当在页面代码的<head>标签内引入 jQuery 库后,就可以使用它了,代码如下。

```
<html>
<head>
    <script type="text/javascript" src="js/jquery-1.11.2.js"></script>
// 引入 jQuery 库
</head>
<body>
</body>
</html>
```

(2) 编写一个简单的 jQuery 代码

先来看一个简单的 jQuery 程序,代码如下。

```
//省略其他代码
<script type="text/javascript" src="js/jquery-1.11.2.js"></script>
<script type="text/javascript">
    $(document).ready(function(){
        alert("欢迎来到 jQuery 世界!");
    })
</script>
//省略其他代码
```

运行结果如图 8-9 所示。

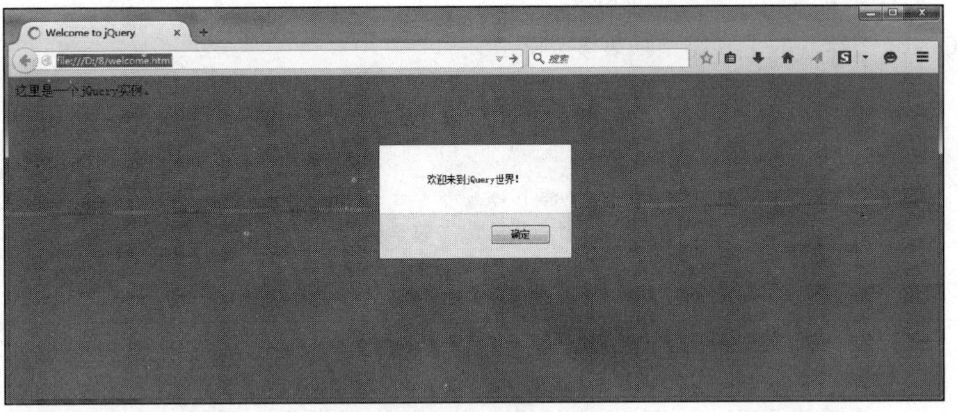

图 8-9 jQuery 弹出框实例

在 jQuery 库中,$ 是 jQuery 的简写形式。上面例子实现的效果是等待 Dom(文档对象模型)元素加载完毕就出现一个弹出框。

(3) jQuery 选择器

在 jQuery 中,对事件处理、遍历 DOM 和 Ajax 操作都依赖于选择器,它是 jQuery 的根基。

介绍 jQuery 选择器之前,先回顾前面介绍的 CSS 选择器。CSS 选择器有标签选择器、ID 选择器、类选择器、群组选择器、后代选择器和通配选择符。

jQuery 选择器继承了 CSS 的风格,利用 jQuery 可以便捷地找到特定的 DOM 元素,然后再为它们添加相应的行为,代码如下。

```
<p class = "demo">点击这里</p>
<script type = "text/javascript">
    $ (".demo").click(function(){
        alert("This is a jQuery demo!");
    })
</script>
```

CSS 获取元素的代码如下。

```
.demo{
...
}
```

jQuery 获取元素的代码如下。

```
$ (".demo").click(function(){
...
})
```

jQuery 和 CSS 选择器写法很相似，但作用效果不同，CSS 选择器找到元素后添加样式，而 jQuery 选择器找到元素后添加行为。

jQuery 选择器的主要类型如表 8-1 所示。

表 8-1　jQuery 选择器的主要类型

选择器	描述	示例
基本选择器	通过元素 id、class 和标签等来查找 DOM 元素	$(".demo")
层次选择器	通过 DOM 元素之间的层次关系来获取元素	$("div>span")
过滤选择器	通过过滤规则来筛选出所需的 DOM 元素	$("div:first")
表单选择器	获取表单的某个或某类型的元素	$(":input ")

(4) jQuery 中的事件操作

JavaScript 和 HTML 之间的交互是通过用户和浏览器操作页面时引发的事件来处理的。例如当用户点击某个按钮会触发事件，或者当用户浏览器加载完文档后也会触发事件。jQuery 提供了更加优雅的事件处理语法，而且极大地增强了事件处理能力。

例如，下面的实例将会触发类为 demo 元素的 click 事件。

```
<p class = "demo">点击这里</p>
<script type = "text/javascript">
    $(".demo").click(function(){
        alert("This is a jQuery demo!");
    })
</script>
```

如果为某元素绑定事件来完成操作，可以使用 bind()方法，其格式如下。

```
bind(type [ , data] , fn);
```

参数 fn 是处理函数。参数 data 可选，传递给事件对象的额外数据对象。参数 type 为事件类型。代码如下。

```
$(".demo").bind("click",function(){
    alert("This is a jQuery demo!");
})
```

在程序中经常会用到 click、focus、mouseover 等事件，为了简化操作，jQuery 提供了一套简写的方法，例如上面的代码可以简化如下。

```
$(".demo").click(function(){
    alert("This is a jQuery demo!");
})
```

jQuery 支持的事件有很多，在这里就不一一详述了。表 8-2 所示为几个常用事件及其描述。

表 8-2 jQuery 选择器常用事件及其描述

事 件	描 述
click()	指定元素的点击事件
focus()	指定元素的获取焦点事件
mouseover()	指定元素的鼠标悬停事件
mouseout()	指定元素的鼠标离开事件
ready()	文档就绪事件

(5) jQuery 中的动画效果

JavaScript 的魅力所在就是其动画效果。通过为元素添加动画效果,可以增强页面视觉感受,很好地提高客户体验。

下段代码中,hide( )方法实现点击元素后隐藏文本信息的效果。

```
<p class = "demo">点击这里信息将会隐藏。</p>
<script type = "text/javascript">
    $ (".demo").click(function(){
        $ (this).hide();
    })
</script>
```

除了 hide( )方法,还有 show()方法,该方法实现元素的显示。利用这两个方法即可实现一个简单的动画效果。

```
<script type = "text/javascript">
    $ (function(){
        $ (".demo").click(function(){
            if ( $ (".content").is(":visible")) {
                $ (".content").hide();
            }else{
                $ (".content").show();
            }
        })
    })
</script>
</head>
<body>
    <p class = "demo">点击这里</p>
    <div class = "content">这里是详细信息。</div>
</body>
</html>
```

以上代码实现文字显示与隐藏效果。当单击浏览器中的文字“点击这里”后,“这里是详细信息”文字部分会消失,再次点击文字“点击这里”,下面的文字又会出现。图 8-10 为点击前文字显示的效果,图 8-11 为点击后文字消失的效果。

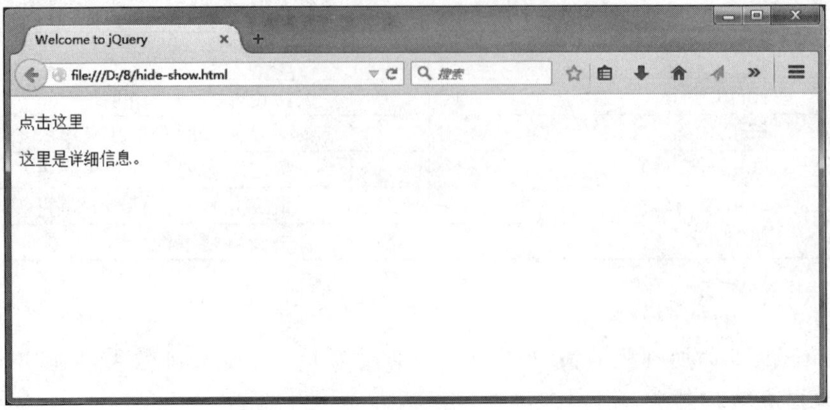

图 8-10　点击前的效果

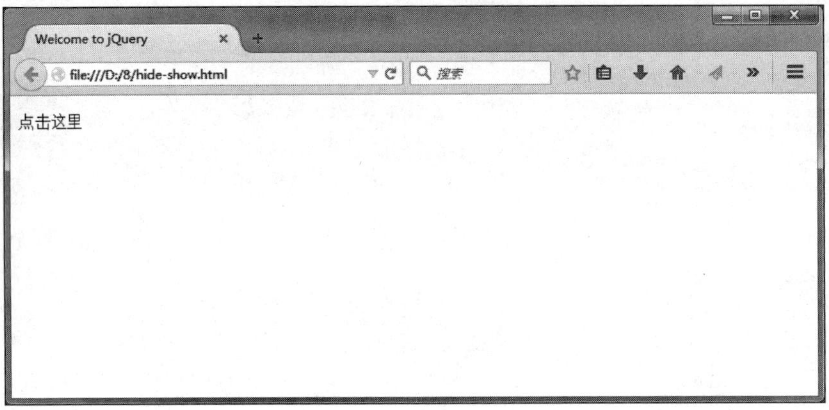

图 8-11　点击后的效果

(6) jQuery 插件

插件是一种遵循一定规范的应用程序接口编写出来的程序。jQuery 插件可以帮助用户开发出稳定的应用系统,节约开发成本。

jQuery 插件的下载网址为 http://plugins.jquery.com/。

下面以插件 zoom 为例介绍插件的引入方法。在引入 jQuery 库后加入如下代码。

```
<script type="text/javascript" src="js/jquery.zoom.min.js"></script>
```

接下来就可以调用 zoom 插件。

```
$(document).ready(function(){
    $('#ex1').zoom();
});
```

这样 #ex1 元素就可以实现插件 zoom 的放大镜效果了。

▶ 任务实施

本次任务需要理解和掌握 jQuery 的基本知识，包括变量的定义、选择器的选定、函数的调用、运用的方法等。下面主要介绍以下功能的实现步骤：显示与取消搜索框默认关键词、选项卡切换、设置图片轮播、实现弹窗效果和产品图片放大镜。

1. 显示与取消搜索框默认关键词

在搜索框中需要显示“哈根达斯”的默认关键词，如图 8-1 所示。当搜索框获得焦点后，则清空该关键词，如图 8-2 所示。

(1) 添加搜索框并设置样式

首先添加搜索框代码。

```
< input type = "text" name = "search" id = "search">
```

再来设置其样式。

```
#search{
    padding: 6px 8px;
    width: 184px;
    font - size: 12px;
    color: :#36332E;
    border: solid 1px #ccc;
    border - radius: 6px;
    float: left;
}
```

(2) 设置搜索框关键词效果

jQuery 中的 val()方法可以用来设置和获取元素的值。在本例中，先设置搜索框的值为“哈根达斯”，为了让其出现浅灰色，为其添加样式. waiting。代码如下。

```
.waiting{
    color: #ccc;
}
```

jQuery 代码如下。

```
$ ("#search").val("哈根达斯").addClass("waiting");            //赋值,加样式
```

接下来判断当该元素失去焦点时，值为空的话，就显示关键词为“哈根达斯”，并为其设置样式. waiting；当该元素获得焦点时，值为“哈根达斯”的话，其值清空，并移除样式. waiting。下面为完整的 jQuery 代码。

```
$ (function () {
    $ ("#search").val("哈根达斯").addClass("waiting")              //赋值,加样式
    .blur(function () {                                          //失去焦点时
        if ( $ (this).val() == "") {                             //判断是否为空
            $ ("#search").val("哈根达斯").addClass("waiting");   //赋值,加样式
        }
    })
    .focus(function () {                                         //获得焦点时
        if ( $ ("#search").val() == "哈根达斯") {                //判断是否为"哈根达斯"
            $ ("#search").val("").removeClass("waiting");        //赋值,加样式
        }
    });
});
```

至此,搜索框默认关键词的显示与取消效果就实现了。

2. 设置图片轮播

首页中间区域有一个大图轮播效果,在大图左下角有相应活动的文字介绍,如图 8-3 所示,当其获得焦点时,轮播区域显示相关图片。

(1) 添加 HTML 内容并设置样式

这里有两张轮播图片,左下方有两个文字介绍,HTML 代码如下所示。

```
<div class = "banner center">
    <a href = "#" id = "JS_imgWrap">
        <img src = "imgs/banner.png" alt = "成为会员优惠更多">
        <img src = "imgs/banner2.png" alt = "春季热销产品">
    </a>
    <div>
        <a href = "###1">
            <em>成为会员</em><em>优惠更多</em>
        </a>
        <a href = "###2">
            <em>春季热销</em><em>全场优惠</em>
        </a>
    </div>
</div>
```

下面 CSS 代码为其样式。

```
.banner{                                          /* 设置 banner 的属性 */
    width: 1160px;
    height: 395px;
    position: relative;
    overflow: hidden;
}
```

```
.banner img{
    position: absolute;
    left: 0;
    top: 0;
}
.banner div{
    bottom: 0;                    /* 和 position: absolute结合让其处在左下方 */
    overflow: hidden;
    position: absolute;
    float: left;                  /* 让文字水平排列 */
}
.banner div a{
    background-color: #666;
    color: #fff;
    display: inline-block;
    float: left;
    height: 32px;
    margin-right: 1px;
    overflow: hidden;
    padding: 5px 15px;
    text-align: center;
    width: 79px;
}
.banner div a em{
    cursor: pointer;
    display: block;
    height: 16px;
    overflow: hidden;
    width: 79px;
}
```

(2) 设置图片切换效果

先设置当光标滑过文字 1 时,显示第一张图片;当光标滑过文字 2 时,显示第二张图片,代码如下。

```
$(function(){
    var $imgrolls = $(".banner div a");
    var index = 0;
    $imgrolls.mouseover(function(){
        index = $imgrolls.index(this);
        showImg(index);
    }).eq(0).mouseover();
})
```

index 表示当前要显示图片的索引。.eq(0).mouseover()用来初始化显示第一个图片。

再来设置 showImg()函数。

```
function showImg(index){
    var $rollobj = $(".banner");
    var $rolllist = $rollobj.find("div a");
    var newhref = $rolllist.eq(index).attr("href");
    $("#JS_imgWrap").attr("href",newhref)
                    .find("img").eq(index).stop(true,true).fadeIn()
                    .siblings().fadeOut();
    $rolllist.removeClass("chos").css("opacity","0.7")
             .eq(index).addClass("chos").css("opacity","1");
}
```

$rolllist.eq(index).attr("href")代码获取当前滑过链接的 href 值，然后将其赋值给大图的超链接目标。根据传入的 index 参数来显示相应的图片，并且隐藏相邻的图片。同时取消和添加样式.chos，代码如下。

```
.banner a.chos{
    background-color: #000000;
    color: #fff;
}
```

接下来设置大图自动轮播效果。

```
var len = $imgrolls.length;
var index = 0;
var adTimer = null;
$('.banner').hover(function(){
    if(adTimer){
        clearInterval(adTimer);
    }
},function(){
    adTimer = setInterval(function(){
        index++;
        if(index == len){index = 0;}
        showImg(index);
    },5000);
}).trigger("mouseleave");
```

以上代码实现图片没有鼠标滑入滑出时，每隔 5 秒切换一次图片。showImg(index)用来显示大图，每调用一次，index 自动加 1。如果 index 的值与图片数量相等，将 index 值设置为 0，重新开始轮播显示图片。设置图片轮播的完整代码如下。

```
$(function(){
    var $imgrolls = $(".banner div a");
    $imgrolls.css("opacity","0.7");
    var len = $imgrolls.length;
```

```
    var index = 0;
    var adTimer = null;
    $imgrolls.mouseover(function(){
        index = $imgrolls.index(this);
        showImg(index);
    }).eq(0).mouseover();
    //滑入 停止动画,滑出开始动画。
    $('.banner').hover(function(){
        if(adTimer){
            clearInterval(adTimer);
        }
    },function(){
        adTimer = setInterval(function(){
            index++;
            if(index == len){index = 0;}
            showImg(index);
        },5000);
    }).trigger("mouseleave");
})
//显示不同的幻灯片
function showImg(index){
    var $rollobj = $(".banner");
    var $rolllist = $rollobj.find("div a");
    var newhref = $rolllist.eq(index).attr("href");
    $("#JS_imgWrap").attr("href",newhref)
                    .find("img").eq(index).stop(true,true).fadeIn()
                    .siblings().fadeOut();
    $rolllist.removeClass("chos").css("opacity","0.7")
                                .eq(index).addClass("chos").css("opacity","1");
}
```

最终便实现了当鼠标指针滑入缩略图时，大图区域显示相应的图像；不滑入时，大图每5秒切换一次。

3. 产品图片放大镜

本节实现图片放大镜效果。图8-4所示为鼠标指针滑入前产品图片效果，当鼠标指针滑入时显示产品大图，如图8-5所示。

(1) 添加HTML内容

设置该图片大小宽为450px，高为450px，代码如下。

```
<div id='ex1'>
    <img src="imgs/mm_big.png" width="450px"
      height="450px" alt="M&amp;M'S 巧克力豆冰激凌">
</div>
```

(2) 引入并使用插件

http://plugins.jquery.com/中有多种插件可供下载，这里下载的是 zoom 插件。首先引入该插件，代码如下。

```
<script type="text/javascript" src="js/jquery-1.11.2.js"></script>
<script type="text/javascript" src="js/jquery.zoom.min.js"></script>
```

使用该插件很简单，直接调用 zoom()即可。

```
$(document).ready(function(){
    $('#ex1').zoom();
});
```

这样，产品图片放大镜效果就快速实现了，如图 8-5 所示。关于该插件具体的代码结构就不详述，在 jquery.zoom.min.js 文件中可以查看具体内容。

4. 显示提示窗口

当用户在选择好商品，设置好购买数量，点击购买时，希望出现一个提示窗口，确认用户的购买信息，如购买商品名称、数量、价格等信息。

(1) 添加 HTML 内容

提示窗口信息包含商品名称、数量、价格、克数，在 HTML 代码中分别将它们命名为 goodsTitle、number、price 和 weight，代码如下。

```
<div class="goodsInfo">
    <p class="goodsTitle">M&amp;M'S 巧克力豆冰激凌</p>
    <p class="price">价格：127.58 元</p>
    <p class="weight">克数：500g</p>
    <p class="number">选购数量：<input class="numinput" type="text" value="1" min=
     "0" /></p>
    <div class="product-btn">
        <a href="#">购买</a>
    </div>
</div>
```

(2) 设置样式

设置 CSS 样式，效果如图 8-6 所示，代码如下。

```
.goodsInfo{
    width: 480px;
    float: right;
    clear: right;
}
```

```
.goodsTitle{
    font-weight: bold;
    font-size: 20px;
    padding: 10px 0px;
}
.price,.weight,.number{
    border-top:solid 1px #e0e0e0;
    padding: 10px 0px;
}
.numinput{
    width: 3em;
    border: solid 1px #e0e0e0;
    text-align: center;
    margin: 5px 20px;
}
.goodsInfo .product-btn{
    margin-left: 0px;
}
.product-btn{
    width: 258px;
    margin: 10px;
    overflow: hidden;
}
.product-btn a{
    background-color: #333333;
    width: 258px;
    height: 40px;
    text-align: center;
    line-height: 40px;
    color: #ffffff;
    display: block;
}
.product-btn a:hover{
    background-color: #444444;
}
```

(3) 设置提示效果

先定义提示的信息，再利用 alert()弹出。return false 的作用是避免页面跳转。完整代码如下。

```
$(function(){
    $(".goodsInfo .product-btn a").click(function(){
        var pro_name = $(".goodsTitle").text();
        var pro_price = $(".price").text();
        var pro_weight = $(".weight").text();
        var pro_num = $(".numinput").val();
```

```
        var dialog = "感谢您的购买。\n 您购买的\n" +
                     "产品是: " + pro_name + ";\n" +
                     pro_price + ";\n" +
                     pro_weight + ";\n" +
                     "数量是: " + pro_num;
        alert(dialog);
        return false;
    })
})
```

至此,点击购买后,相应提示窗口就出现了。

5. 选项卡切换

当用户单击某选项卡标签时,内容介绍区域出现相应内容,如图 8-7 所示。这里需要通过显示与隐藏来切换不同的内容。

(1) 添加 HTML 元素

本例中有"商品展示""商品参数"和"品质保障"三个选项卡,默认情况下让第一个选项卡处在选中状态,设置其为类 selected。三个选项卡的相关内容放在三个 DIV 容器中,父元素为类 tab_box 的 DIV,代码如下。

```
<div class = "tab">
    <div class = "tab_menu">
        <ul>
            <li class = "selected">商品展示</li>
            <li>商品参数</li>
            <li>品质保障</li>
        </ul>
    </div>
    <div class = "tab_box">
        <div><img src = "imgs/1.png"></div>
        <div>
            <p>产品参数: </p>
            <p>厂名: 美国</p>
            <p>厂址: 美国</p>
            <p>厂家联系方式: 123456789 </p>
            <p>配料表: 奶油、水、白砂糖、玉米糖浆、脱脂牛奶、蛋黄、椰子油、黄油、碳酸氢钠、食用
               盐</p>
            <p>储藏方法: 零下 20℃ 储存      保质期: 365 天</p>
            <p>食品添加剂: 瓜尔胶、卡拉胶、天然食用香料 </p>
            <p>包装方式: 散装</p>
            <p>糕点种类: 冰激凌</p>
            <p>重量(g): 533 </p>
            <p>品牌: M&M'S </p>
            <p>系列: 两杯装</p>
```

```
            <p>产地：美国</p>
        </div>
        <div><img src = "imgs/2.jpg"></div>
    </div>
</div>
```

再来设置其CSS样式。整个选项卡宽度为1160px。选项卡水平排列，每个选项卡的上、左、右边框都为1px的实线，颜色为#414141。选中的selected样式为红色背景，白色文字效果。下面为其CSS样式代码。

```
.tab{
    width: 1160px;
    margin-top: 20px;
}
.tab_menu ul{
    list-style-type: none;
}
.tab_menu ul li{
    float: left;
    border-top:solid 1px #414141;
    border-left:solid 1px #414141;
    border-right:solid 1px #414141;
    width: 6em;
    height: 1.5em;
    line-height: 1.5em;
    text-align: center;
    margin-right: 5px;
}
.tab_box{
    clear: left;
    width: 1160px;
    padding-top: 20px;
    border-top: solid 1px #414141;
}
.selected{
    background-color: #BB0F73;
    color: #fff;
}
```

（2）设置选项卡切换效果

首先为li元素绑定事件，这里用click()，代码如下。

```
var $div_li = $("div.tab_menu ul li");
$div_li.click(function(){
    //绑定单击事件
});
```

绑定事件后，需要将当前的 li 元素红底白字效果显示，同时要去掉其他同辈的. selected 效果，代码如下。

```
var $div_li= $("div.tab_menu ul li");
$div_li.click(function(){
    $(this).addClass("selected").siblings().removeClass("selected");
});
```

接下来设置与选项卡对应的内容的显示与隐藏效果。从前面的结构中可以知道，每个选项卡对应一个 DIV，即相应的内容。所以可以根据当前单击的列表元素的索引来显示对应的 DIV。

```
var index =  $div_li.index(this);
$("div.tab_box>div").eq(index).show().siblings().hide();
```

如果希望添加鼠标滑入滑出效果，可以增加 CSS 样式，代码如下。

```
.hover{
    background-color: #e0e0e0;
}
```

再利用 addClass()和 removeClass()来添加和去除鼠标悬停效果，完整代码如下。

```
$(function(){
    var $div_li= $("div.tab_menu ul li");
    $div_li.click(function(){
        $(this).addClass("selected").siblings().removeClass("selected");
        var index =  $div_li.index(this);
        $("div.tab_box>div").eq(index).show().siblings().hide();
    }).hover(function(){
        $(this).addClass("hover");
    },function(){
        $(this).removeClass("hover");
    });
})
```

这样，图 8-7 所示的选项卡切换效果就实现了。

实训 显示隐藏菜单

▶ 实训目的

熟悉选择器的使用，掌握 show()、hide()等方法的使用。

▶ 实训内容

制作一个显示与隐藏菜单的效果。当用户进入界面时，品牌列表是精简模式，按钮文字为“显示全部品牌”，如图 8-12 所示。当用户单击“显示全部品牌”按钮后，品牌菜单全部显示，同时按钮文字变成“精简显示品牌”，如图 8-13 所示。

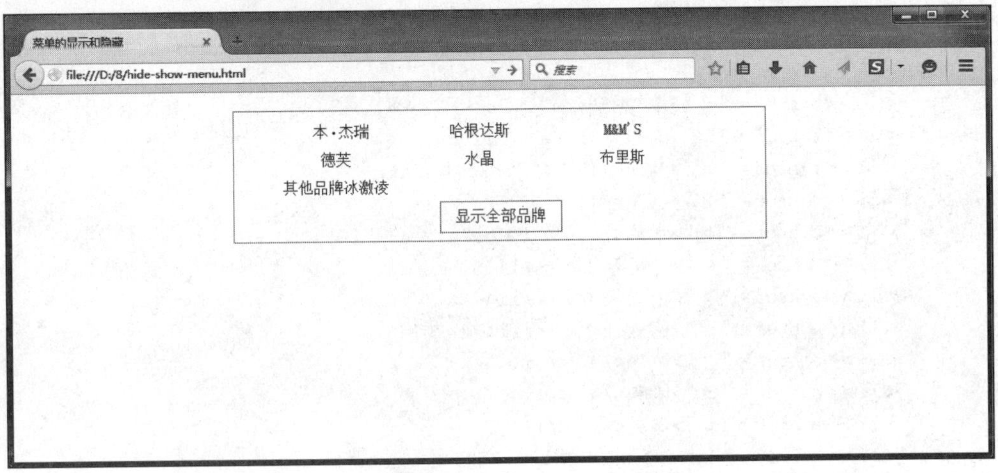

图 8-12　进入页面效果

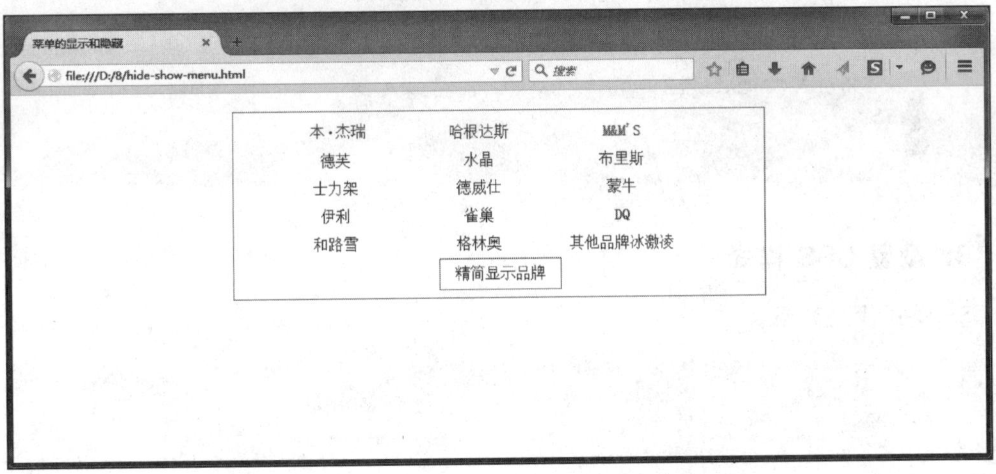

图 8-13　单击按钮后的效果

▶ 实训步骤

1. 设计思路分析

首先需要隐藏第七条后面的品牌，最后一条“其他品牌冰激凌”除外。当触发按钮的

click 事件时需要来判断：如果品牌全部显示，就隐藏多余的品牌，并且设置按钮文字为“显示全部品牌”；否则显示相应品牌，并且设置按钮文字为“精简显示品牌”。

2. 输入 HTML 代码

输入 HTML 代码如下。

```
<div class="listBox">
    <ul>
        <li><a href="#">本·杰瑞</a></li>
        <li><a href="#">哈根达斯</a></li>
        <li><a href="#">M&amp;M'S</a></li>
        <li><a href="#">德芙</a></li>
        <li><a href="#">水晶</a></li>
        <li><a href="#">布里斯</a></li>
        <li><a href="#">士力架</a></li>
        <li><a href="#">德威仕</a></li>
        <li><a href="#">蒙牛</a></li>
        <li><a href="#">伊利</a></li>
        <li><a href="#">雀巢</a></li>
        <li><a href="#">DQ</a></li>
        <li><a href="#">和路雪</a></li>
        <li><a href="#">格林奥</a></li>
        <li><a href="#">其他品牌冰激凌</a></li>
    </ul>
    <div class="showmore">
        <a href="#"><span>显示全部品牌</span></a>
    </div>
</div>
```

3. 设置 CSS 样式

CSS 样式代码如下。

```
*{
    padding: 0;
    margin: 0;
}
.listBox{
    margin-top: 20px;
    border: solid 1px #909090;
    padding: 0.5em 2em;
    margin-left: auto;
    margin-right: auto;
    width: 500px;
    text-align: center;
```

```
    overflow: hidden;
}
.listBox ul {
    list-style-type: none;
}
.listBox ul li{
    float: left;
    width: 7em;
    margin: 5px 20px;
}
.listBox a,.listBox a:visited{
    color: #404040;
    text-decoration: none;
    display: block;
}
.showmore{
    width: 8em;
    line-height: 2em;
    text-align: center;
    margin-top: 3em;
    border:solid 1px #909090;
    clear: both;
    margin-left: auto;
    margin-right: auto;
}
.showmore a:hover{
    background-color: #232323;
    color: #fff;
}
```

4. 设置显示与隐藏菜单的代码

最后，设置显示与隐藏菜单的代码如下。

```
$(function(){
    var $category = $("ul li:gt(5):not(:last)");
    $category.hide();                          //隐藏上面获取的 jQuery 对象
    var $toggleBtn = $("div.showmore>a");
    $toggleBtn.click(function(){
        if ( $category.is(":visible")) {
            $category.hide();
            $(this).find("span").text("显示全部品牌");
        }else{
            $category.show();
            $(this).find("span").text("精简显示品牌");
        }
        return false;
    });
});
```

项 目 总 结

本项目介绍了 JavaScript 的基本概念，以 jQuery 为例介绍其基本编程方法，通过显示与隐藏搜索框默认关键词、选项卡切换、设置图片轮播、实现弹窗效果、产品图片放大镜和显示与隐藏菜单实例，来介绍网页中常用动态效果的制作思路和方法。

课 后 练 习

1. 制作一个按钮，单击该按钮后按钮隐藏。
2. 制作一个按钮，单击该按钮后按钮渐渐淡出。
3. 单击按钮后，段落部分显示文字“欢迎学习 JavaScript!”，如图 8-14 和图 8-15 所示。

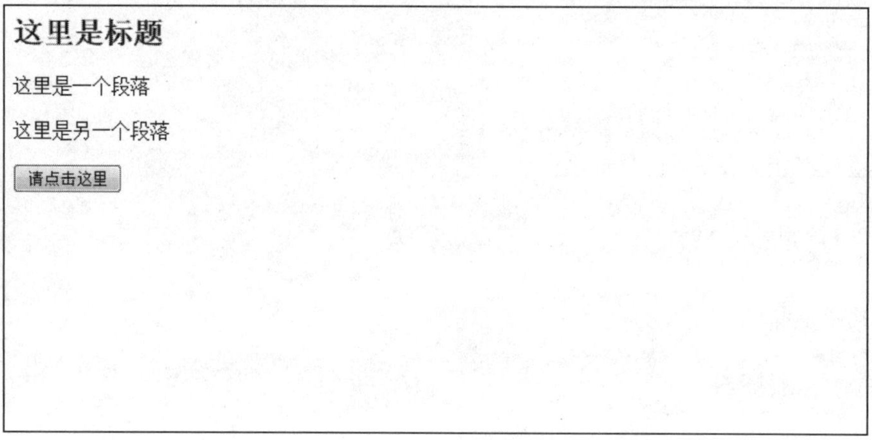

图 8-14　单击按钮前的效果

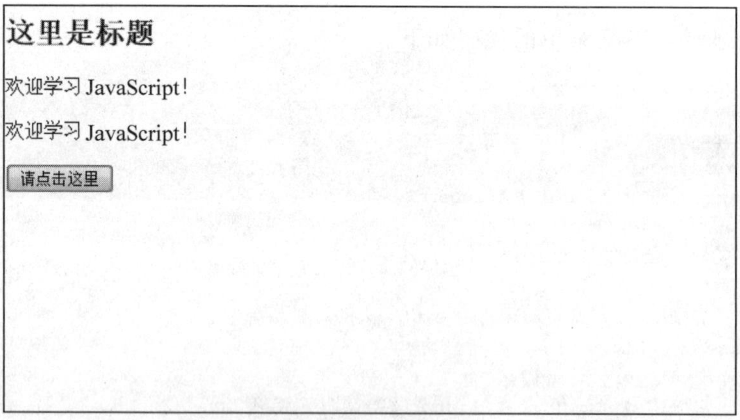

图 8-15　单击按钮后的效果

4. 设置 4 张图片轮播，间隔为 5 秒，当鼠标悬停在图片上时，轮播效果终止。

项 目 9

响应式布局

知识目标

- 理解响应式布局的概念。
- 了解 viewport。
- 理解媒体查询的含义。
- 了解媒体查询的属性。

技能目标

- 掌握响应式布局的基本设置方法。
- 掌握响应式图片的制作方法。
- 能够为移动设备优化显示页面内容。
- 能够设置响应式导航菜单。

素养目标

- 掌握响应式布局的设计思路。
- 探索一种效果的多种实现方法。
- 培养团结协作的精神。
- 探索解决浏览器不兼容的问题。

任务　对页面添加响应式布局

▶ 学习情境

现在使用移动终端的用户越来越多，小黄发现之前设计的网页在大屏幕显示器显示效果良好，但是在小屏幕显示器如手机等设备上，网页的显示效果就不那么美观了，会让用户产生很糟糕的体验。

下面介绍响应式布局的方法，将页面优化，使得页面能够自适应屏幕的大小采取不同的显示方式，也就是让它能够兼容多种终端。

▶ 任务描述

页面内容需要在不同分辨率显示器上显示不同的效果。在浏览器的可视区域宽度大于980px 时，效果如图 9-1 所示，在小于 650px 宽度时，产品由原来三列变为两列，图片自动缩小，效果如图 9-2 所示；浏览器的可视区域宽度介于两者之间时，产品信息依然是两列，不过图片进一步缩小，效果如图 9-3 所示。

希望导航菜单在电脑上打开后显示效果如图 9-4 所示，水平排列。在手机(或小屏幕设备)上显示如图 9-5 所示的精简样式；当点击 Menu 或右边的符号后，出现如图 9-6 所示的菜单效果。

图 9-1　大于 980px 宽度时的效果

图 9-2　小于 650px 宽度时的效果

图 9-3 大于 650px 小于 980px 宽度时的效果

本任务主要内容如下。

(1) 优化移动设备显示页面内容。

(2) 移动设备上显示菜单。

问题引导：

(1) 什么是响应式布局？

(2) 通过什么来实现响应式布局的？

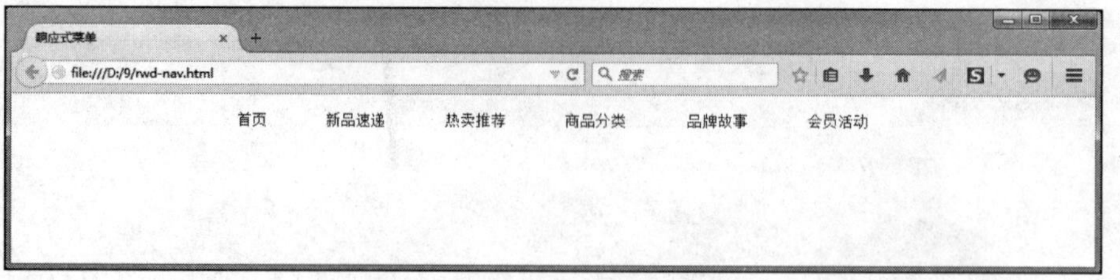

图 9-4　宽屏效果

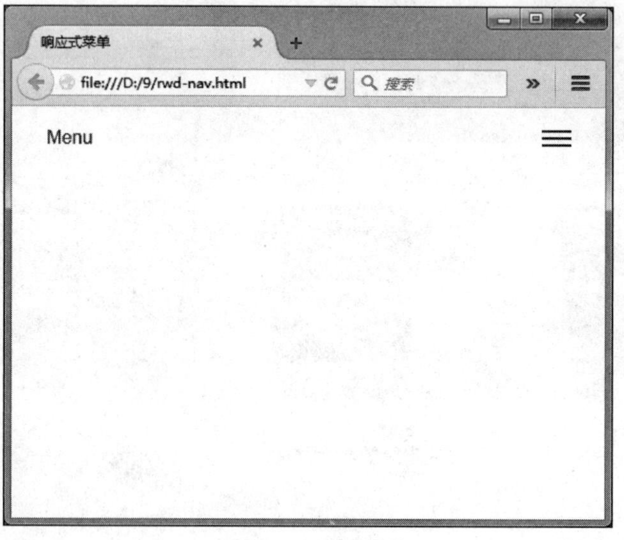

图 9-5　精简效果

图 9-6　精简模式下拉菜单效果

▶ 任务知识

1. 响应式布局的概念

现在移动终端用户越来越多，不过，很多网页并没有针对移动设备进行优化。为解决如今各式各样的浏览器分辨率以及不同移动设备的显示效果，设计师提出了响应式布局的设计方案。

响应式布局(这一概念最初是由 Ethan Marcotte 在 *A List Apart* 中提出的)响应了用户及其所用设备的需求。版式会根据设备的大小和功能而变化。例如，手机可能会以单列视图的形式呈现内容，而同样的内容可能会以双列的形式呈现在平板电脑上。

响应式布局的优点有：面对不同分辨率设备灵活性强，能够快捷解决多设备显示适应问题。同时，它也有自身的缺陷，如兼容各种设备工作量大，效率低下，代码累赘，会出现隐藏某些元素，加载时间加长等。

不过，随着目前大屏幕移动设备的普及，响应式布局成为前端设计者必修的一课。

2. 设置 viewport

为了提供最佳体验，移动浏览器会以桌面设备的屏幕宽度(通常大约为 980px，但不同设备可能会有所不同)来呈现网页，然后再调整字体大小并将内容调整为适合屏幕的大小，从而改善内容的呈现效果。对用户来说，这就意味着，字体大小可能会不一致，用户必须点按两次或张合手指进行缩放，才能查看内容并与之互动。

响应式布局就可以解决这一问题。对于针对各种设备优化过的网页，其文档头部必须包含 viewport 视口元素。视口代码会指示浏览器如何对网页尺寸和缩放比例进行控制。在开发时，把下面的代码复制到<head>标签中。

```
<meta name = "viewport" content = "width = device - width, initial - scale = 1.0">
```

width=device-width 表示宽度即为设备屏幕的宽度。这样一来，网页便可以重排内容，使之适合不同的屏幕大小。有些浏览器会在旋转到横向模式时保持固定的网页宽度，然后通过缩放(而不是重排)填满屏幕。添加属性 initial-scale=1.0 会让浏览器在不考虑设备方向的情况下，指示浏览器将网页与屏幕宽度的比例设为 1∶1，允许网页完全占用横向宽度。

3. CSS 中的 Media Query(媒体查询)

媒体查询是可应用于 CSS 样式的简单过滤器。有了这些过滤器，可以根据设备呈现内容的特点轻松更改样式，包括显示屏类型、宽度、高度、方向，甚至是分辨率。

例如，可以将打印必需的所有样式放在打印媒体查询中，代码如下。

```
<link rel = "stylesheet" href = "print.css" media = "print">
```

除了在样式表链接中使用 media 属性之外，还可以通过另外两种方法应用可以嵌入 CSS 文件的媒体查询：@media 和@import。出于性能方面的考虑，建议开发者优先考虑使用前两种方法，尽量避免使用@import 语法。

```
@media print {
  ...
}
@import url(print.css) print;
```

自适应网页设计最常使用的项目为 min-width、max-width、min-height 和 max-height。表 9-1 为媒体查询属性及结果。

表 9-1　媒体查询属性及结果

属　　性	结　　果
min-width	当任意浏览器宽度大于查询中定义的值时适用的规则
max-width	当任意浏览器宽度小于查询中定义的值时适用的规则
min-height	当任意浏览器高度大于查询中定义的值时适用的规则
max-height	当任意浏览器高度小于查询中定义的值时适用的规则
orientation＝portrait	高度大于或等于宽度的任意浏览器适用的规则
orientation＝landscape	宽度大于高度的任意浏览器适用的规则

代码如下。

```
<link rel = "stylesheet" media = "(max - width: 640px)" href = "max - 640px.css">
<link rel = "stylesheet" media = "(min - width: 640px)" href = "min - 640px.css">
<link rel = "stylesheet" media = "(orientation: portrait)" href = "portrait.css">
<link rel = "stylesheet" media = "(orientation: landscape)" href = "landscape.css">
<style>
    @media (min - width: 500px) and (max - width: 600px) {
      h1 {
        color: fuchsia;
      }
      .desc:after {
        content:" In fact, it's between 500px and 600px wide.";
      }
    }
</style>
```

根据上段代码，不同宽度的浏览器会采用不同的样式。

(1) 当浏览器宽度介于 0～640px 之间时，系统将会应用 max-640px. css。

(2) 当浏览器宽度介于 500～600px 之间时，系统将会应用@media。

(3) 当浏览器宽度为 640px 或大于此值时，系统将会应用 min-640px. css。

(4) 当浏览器宽度大于高度时，系统将会应用 landscape. css。

(5) 当浏览器高度大于宽度时，系统将会应用 portrait. css。

例如，设置一个自适应式的导航菜单，当浏览器宽度大于等于 640px 时，水平排列；当浏览器宽度小于 640 宽度时垂直排列。HTML 代码如下。

```
<div class = "nav">
    <ul>
        <li><a href = "#">首页</a></li>
        <li><a href = "#">新品速递</a></li>
        <li><a href = "#">热卖推荐</a></li>
        <li><a href = "#">商品分类</a></li>
        <li><a href = "#">品牌故事</a></li>
        <li><a href = "#">会员活动</a></li>
    </ul>
</div>
```

在<head>标签中添加 metal viewport 代码和引入的样式文件，代码如下。

```
<link rel = "stylesheet" type = "text/css" href = "css/resmenu.css">
<meta name = "viewport" content = "width = device - width, initial - scale = 1, maximum - scale =
1, user - scalable = no"/>
```

以下为 CSS 样式代码。

```
*{
    margin: 0;
    padding: 0;
}
body{
    font - family: "微软雅黑";
    font - size: 14px;
    color: #36332e;
    background - color: #f4f4f4;
}
a,a:visited{
    color: #36332e;
    text - decoration: none;
}
a:hover{
    color:#BB0F73;
}
.nav ul{
    list - style - type: none;
}
.nav {width: 100 % ; margin:0 auto; }
/* 当浏览器的可视区域宽度大于 650px ,导航菜单水平排列 */
@media screen and (min - width: 650px) {
    .nav ul li {float: left;margin: 0 2em;}
```

当浏览器宽度大于或等于 650px 时,导航样式效果如图 9-7 所示。

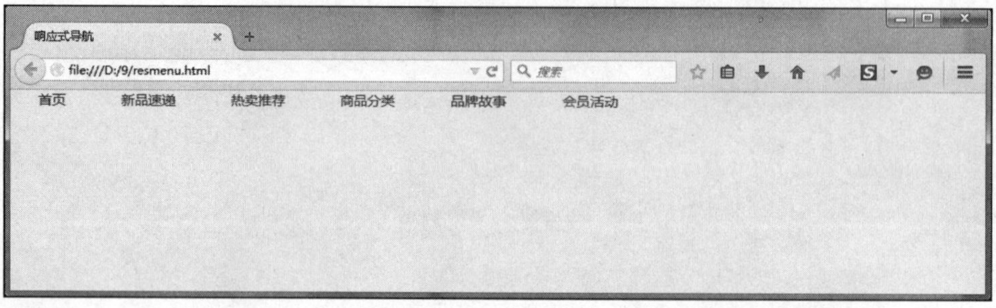

图 9-7　浏览器宽度大于或等于 650px 时的效果

当浏览器宽度小于 650px 时,导航样式效果如图 9-8 所示。

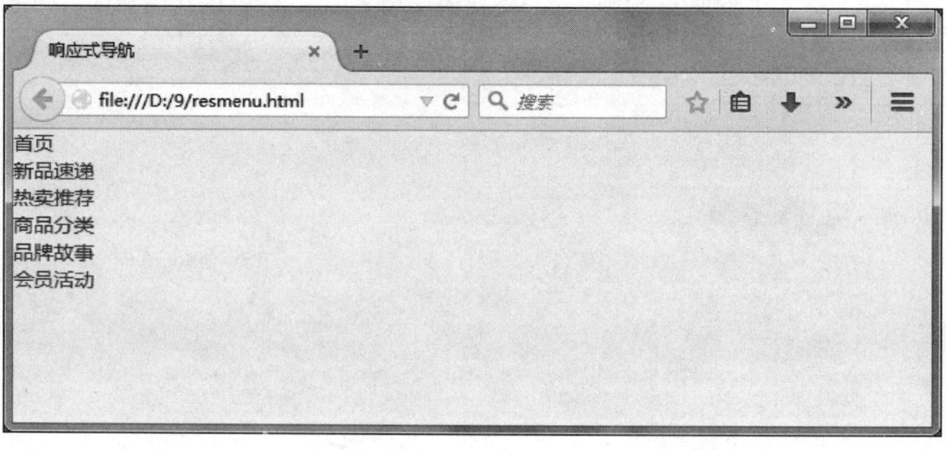

图 9-8　浏览器宽度小于 650px 时的效果

JavaScript 也是设计响应式布局的有力工具之一。特别是当某些旧设备无法完美支持 CSS 的媒体查询时,它可以作为后备支援。

▶ 任务实施

小黄需要利用响应式布局方法,优化页面内容并制作响应式菜单。

1. 优化移动设备显示页面内容

优化前面制作的首页页面,要求在不同宽度显示器上显示不同的效果。在浏览器的可视区域宽度大于 980px 时,效果如图 9-1 所示;在小于 650px 时,产品列表由原来三列变为两列,图片自动缩小,效果如图 9-2 所示。当浏览器的可视区域宽度介于两者之间时,产品列表依然是两列,不过图片进一步缩小,效果如图 9-3 所示。

(1) 添加导航列表的内容

下面对冰天美帝首页的页面进行优化,HTML 内容还是采用之前的结构,代码如下。

```
<div class = "container">
    <! -- 首页 banner -->
    <div class = "banner center">
        <a href = "#" id = "JS_imgWrap">
            <img src = "imgs/banner.png" alt = "成为会员优惠更多">
            <img src = "imgs/banner2.png" alt = "春季热销产品">
        </a>
        <div>
        <a href = "###1">
            <em>成为会员</em><em>优惠更多</em>
        </a>
        <a href = "###2">
            <em>春季热销</em><em>全场优惠</em>
        </a>
        </div>
    </div>
    <! -- 首页主体 -->
    <div class = "main center">
        <! -- 产品列表区域 -->
        <div class = "product - area">
            <ul>
                <li>
                    <div class = "product - photo">
                        <a href = "#">
                            <img src = "imgs/mm.png">
                        </a>
                    </div>
                    <div class = "product - info">
                        <div class = "name">
                            <a href = "#">M&amp;M'S 巧克力豆冰激凌</a>
                        </div>
                        <div class = "product - price - weight">
                            <span>¥68</span>
                            <span>/268g</span>
                        </div>
                    </div>
                    <div class = "product - btn">
                        <a href = "#">加入购物车</a>
                    </div>
                </li>
                <! -- 此处省略另外 5 个列表项 -->
            </ul>
        </div>
        <! -- 广告和新闻区域 -->
        <div class = "ickbuy - ad - news">
            <! -- 更多精选商品 -->
            <div class = "ickbuy - more clear">
```

```
                <a href = "#">
                    <img src = "imgs/ickbuy - more.png" alt = "更多精选商品">
                    <span class = "ickbuy - more - title">更多精选商品</span>
                </a>
            </div>
            <! -- 顺丰快递到家 -->
            <div class = "ickbuy - ad clear">
                <a href = "#">
                    <img src = "imgs/ickbuy - ad.png" alt = "顺丰快递到家">
                    <span class = "ickbuy - ad - title">顺丰快递到家</span>
                </a>
            </div>
            <! -- 新闻列表 -->
            <div class = "ickbuy - news clear">
                <h3 >冰天美帝新闻<span class = "more"><a href = "#">更多</a></span></h3>
                <ul>
                    <li><a href = "#">奇人～伊拉克画家竟然这么用冰激凌!</a></li>
                    <li><a href = "#">冰激凌有助怀孕</a></li>
                    <li><a href = "#">英国鼓励市民吃冰激凌</a></li>
                    <li><a href = "#">吃冰激凌刺激大脑快乐区</a></li>
                    <li><a href = "#">奇人～伊拉克画家竟然这么用冰激凌!</a></li>
                    <li><a href = "#">冰激凌有助怀孕</a></li>
                    <li><a href = "#">英国鼓励市民吃冰激凌</a></li>
                    <li><a href = "#">吃冰激凌刺激大脑快乐区</a></li>
                </ul>
            </div>
        </div>
    </div>
    <! -- 首页尾部 -->
    <div class = "footer">
        <div class = "copycontainer center">
            <p > COPYRIGHT ? 冰天美帝</p > <p >沪 ICP 备 13018738 号 - 1 食品流通许可证
             SP3101151210050229 </p>
        </div>
    </div>
</div>
```

（2）设置链接和 viewport 内容

将 CSS 样式放在 rwd-css 文件夹中，命名为 responsivemobile_content.css。利用 meta viewport 属性设置在移动设备上是否原始大小显示和是否缩放的声明，在＜head＞中添加如下代码。

```
<link rel = "stylesheet" type = "text/css" href = "rwd - css/responsivemobile_content.css">
<meta name = "viewport" content = "width = device - width, initial - scale = 1,
      maximum - scale = 1, user - scalable = no"/>
```

(3) 运用 Media Query

响应式网页设计的思路中，一个重要的因素是怎样处理图片方面的问题。有很多方法可以解决，其中一个简单易行的方式是使用 CSS 的 max-width 属性：img{max-width：100%；}。这样图片最大的宽度不会超过浏览器窗口或是其容器可视部分的宽度，所以当窗口或容器的可视部分开始变窄时，图片的最大宽度值也会相应地减小，图片本身永远不会被容器边缘隐藏和覆盖。

将多个 media query 整合在一个样式表文件 responsivemobile_content. css 中，利用 min-width 和 max-width 判断设备屏幕尺寸与浏览器实际宽度，其完整代码如下。

```
/* 禁用 iPhone 中 Safari 的字号自动调整 */
html {
    -webkit-text-size-adjust: none;
}
/* 设置 HTML5 元素为块 */
article, aside, details, figcaption, figure, footer, header, hgroup, menu, nav, section {
    display: block;
}
/* 设置图片视频等自适应调整 */
img {
     max-width: 100%;
     height: auto;
     width: auto9; /* ie8 */
}
.video embed, .video object, .video iframe {
    width: 100%;
    height: auto;
}
*{
    margin: 0px;
    padding: 0px;
}
.clear{
    clear: both;
}
body{
    font-family: "微软雅黑";
    font-size: 14px;
    color: #36332e;
    background-color: #f4f4f4;
}
a,a:visited{
    color: #36332e;
    text-decoration: none;
}
a:hover{
```

```
    color: #BB0F73;
}
.center{
    margin-left: auto;
    margin-right: auto;
}
.container{
    width: 100%;
    margin: 0 auto;
}
.banner div{
    bottom: 0;
    overflow: hidden;
    position: absolute;
    float: left;
}
.banner div a{
    background-color: #666;
    color: #fff;
    display: inline-block;
    float: left;
    height: 32px;
    margin-right: 1px;
    overflow: hidden;
    padding: 5px 15px;
    text-align: center;
    width: 79px;
}
.banner div a em{
    cursor: pointer;
    display: block;
    height: 16px;
    overflow: hidden;
    width: 79px;
}
.banner a.chos{
    background-color: #000000;
    color: #fff;
}
.product-area{
    width: 894px;
    float: left;
}
.product-area ul{
    list-style-type: none;
}
.product-area ul li{
```

```
    float: left;
    background-color: #ffffff;
    width: 278px;
    margin:20px 20px 0px 0px;
}
.product-photo,.product-info,.product-btn{
    width: 258px;
    margin: 10px;
    overflow: hidden;
}
.product-photo {
    height: 258px;
}
img{
    border:none;
}
.product-price-weight{
    font-size: 12px;
}
.product-btn a{
    background-color: #333333;
    width: 258px;
    height: 40px;
    text-align: center;
    line-height: 40px;
    color: #ffffff;
    display: block;
}
.product-btn a:hover{
    background-color: #444444;
}
.ickbuy-ad-news{
    width: 260px;
    float: right;
}
.ickbuy-more,.ickbuy-ad{
    width: 258px;
    margin-top: 20px;
    margin-bottom: 20px;
    border: solid 1px #d1d1d1;
    overflow: hidden;
    position: relative;
}
.ickbuy-more{
    height: 80px;
}
.ickbuy-ad{
```

```
    height: 258px;
}
.ickbuy-more-title{
    color: #fff;
    position: absolute;
    font-size: 20px;
    left: 20px;
    top:20px;
    font-weight: bolder;
    text-shadow:1px 2px 3px rgba(0,0,0,0.5);
}
.ickbuy-ad-title{
    position: absolute;
    left: 20px;
    top: 20px;
    font-size: 18px;
    font-weight: bolder;
    /* text-shadow:1px 2px 3px rgba(0,0,0,0.2); */
}
.ickbuy-ad-title:after,.ickbuy-more-title:after{
    content:"\00bb";
    margin-left: 5px;
}
.ickbuy-news h3{
    border-bottom-style: solid;
    border-bottom-width: 2px;
    border-bottom-color: #c4c4c4;
    padding-bottom: 5px;
}
.more a{
    float: right;
    font-size: 12px;
    line-height: 24px;
}
.ickbuy-news ul{
    list-style-type: none;
    margin: 10px 0px 10px 0px;
}
.ickbuy-news ul li{
    line-height: 28px;
}
.footer{
    width: 100%;
    margin-top: 20px;
    background-color: #c4c4c4;
}
.copycontainer{
```

```
    padding: 30px 0px;
    width: 1200px;
}
.copycontainer p{
    font-size: 12px;
    color: #444;
}

/* 浏览器的可视区域宽度大于980px */
@media screen and (min-width: 980px) {
  .main,.banner{
      width: 1160px;
      overflow: hidden;
  }
  .banner{
      height: 395px;
      position: relative;
      overflow: hidden;
  }
}

/* 浏览器的可视区域宽度小于980px但大于650px */
@media screen and (max-width: 980px) {
  .main,.banner{
      width: 900px;
      overflow: hidden;
  }
  .banner{
      height: 306px;
      position: relative;
      overflow: hidden;
  }
  img {
     width: auto;
     max-width:100%;
     height: auto;
     width: auto9; /* ie8 */
  }
  .product-area{
      width: 640px;
  }
  .product-area ul li{
      margin:20px 35px 0px 0px;
  }
}

/* 当浏览器的可视区域宽度小于650px */
```

```
@media screen and (max - width: 650px) {
  .main,.banner{
      width: 600px;
      overflow: hidden;
  }
  .banner{
      height: 200px;
      position: relative;
      overflow: hidden;
  }
  .banner div a{
      height: 30px;
      margin - right: 1px;
      overflow: hidden;
      padding: 5px 15px;
      text - align: center;
      width: 79px;
  }
  .product - area{
      width: 396px;
  }
  .product - info .name{
      height: 40px;
  }
  .product - area ul li{
      float: left;
      background - color: #ffffff;
      width: 178px;
      margin:20px 20px 0px 0px;
  }
  .product - photo,.product - info,.product - btn{
      width: 158px;
      margin: 10px;
      overflow: hidden;
  }
  .product - photo {
      height:158px;
  }
  .product - btn a{
      width: 158px;
  }
  .ickbuy - ad - news{
      width: 200px;
      float: right;
  }
  .ickbuy - ad{
      height: 200px;
  }
}
```

至此，优化移动设备显示页面内容的代码就完成了。

2. 移动设备上显示菜单

该导航菜单在电脑上打开后显示效果如图 9-4 所示，水平排列。在手机（或小屏幕设备）上显示如图 9-5 所示的精简样式。当点击 Menu 或右边的符号后，出现如图 9-6 所示的菜单效果。

（1）添加导航菜单的内容

该导航菜单的代码如下。

```
<div class = "rwd" data - menu - style = "minimal" >
    <ul >
        <li><a href = '#'>首页</a></li>
        <li><a href = '#'>新品速递</a></li>
        <li><a href = '#'>热卖推荐</a></li>
        <li><a href = '#'>商品分类</a></li>
        <li><a href = '#'>品牌故事</a></li>
        <li><a href = '#'>会员活动</a></li>
    </ul>
</div>
```

HTML 5 引入了一项新特性就是 dataset，该属性名前缀必须带有“data-”，后面允许用任何值，如 data-menu-style。本例中 data-menu-style = "minimal"这个属性主要提供给脚本处理业务逻辑。

（2）设置链接和 viewport 内容

将之后需要设置的 CSS 样式和 JavaScript 代码分别放在 rwd-css 和 red-js 文件夹中，命名为 responsivemobilemenu. css 和 responsivemobilemenu. css。设置链接和 viewport，在<head>中添加如下代码。

```
<link rel = "stylesheet" href = "rwd - css/responsivemobilemenu.css" type = "text/css"/>
<script type = "text/javascript" src = "js/jquery - 1.11.2.js"></script>
<script type = "text/javascript" src = "rwd - js/ responsivemobilemenu.css "></script>
<meta name = "viewport" content = "width = device - width, initial - scale = 1,
    maximum - scale = 1, user - scalable = no"/>
```

（3）添加 CSS 样式和 JavaScript 效果

接下来添加 CSS 样式和 JavaScript 效果，完整的 CSS 代码如下。

```
.rwd {
    display:block;
    position:relative;
    width:100 % ;
    padding:0px;
    margin:0 auto !important;
```

```
        text-align: center;
        line-height:19px !important;
    }
    .rwd * {
        -webkit-tap-highlight-color:transparent !important;
        font-family:Arial;
    }
    .rwd a {
        color:#ebebeb;
        text-decoration:none;
    }
    .rwd .rwd-main-list, .rwd .rwd-main-list li {
        margin:0px;
        padding:0px;
    }
    .rwd ul {
        display:block;
        width:auto !important;
        margin:0 auto !important;
        overflow:hidden;
        list-style:none;
    }
    /* sublevel menu - in construction */
    .rwd ul li ul, .rwd ul li ul li, .rwd ul li ul li a {
        display:none !important;
        height:0px !important;
        width:0px !important;
    }
    .rwd .rwd-main-list li {
        display:inline;
        padding:padding:0px;
        margin:0px !important;
    }
    .rwd-toggled {
        display:none;
        width:100%;
        position:relative;
        overflow:hidden;
        margin:0 auto !important;
    }
    .rwd-button:hover {
        cursor:pointer;
    }
    .rwd .rwd-toggled ul {
        display:none;
        margin:0px !important;
        padding:0px !important;
```

```
}
.rwd .rwd-toggled ul li {
    display:block;
    margin:0 auto !important;
}
/* MINIMAL STYLE */
.rwd.minimal a {
    color:#333333;
}
.rwd.minimal a:hover {
    opacity:0.7;
}
.rwd.minimal .rwd-main-list li a {
    display:inline-block;
    padding:8px 30px 8px 30px;
    margin:0px -3px 0px -3px;
    font-size:15px;
}
.rwd.minimal .rwd-toggled {
    width:95%;
    min-height:36px;
}
.rwd.minimal .rwd-toggled-controls {
    display:block;
    height:36px;
    color:#333333;
    text-align:left;
    position:relative;
}
.rwd.minimal .rwd-toggled-title {
    position:relative;
    top:9px;
    left:9px;
    font-size:16px;
    color:#33333;
}
.rwd.minimal .rwd-button {
    display:block;
    position:absolute;
    right:9px;
    top:7px;
}
.rwd.minimal .rwd-button span {
    display:block;
    margin:4px 0px 4px 0px;
    height:2px;
    background:#333333;
```

```
    width:25px;
}
.rwd.minimal .rwd-toggled ul li a {
    display:block;
    width:100%;
    text-align:center;
    padding:10px 0px 10px 0px;
    border-bottom:1px solid #dedede;
    color:#333333;
}
.rwd.minimal .rwd-toggled ul li:first-child a {
    border-top:1px solid #dedede;
}
```

完整的 JavaScript 代码如下。

```
function responsiveMobileMenu() {
    $('.rwd').each(function() {
        $(this).children('ul').addClass('rwd-main-list');          // 标识主菜单列表
        var $style = $(this).attr('data-menu-style');              // 获取菜单样式
        $(this).addClass($style);
        /* 菜单列表宽度 */
        var $width = 0;
        $(this).find('ul li').each(function() {
            $width += $(this).outerWidth();
        });
        if ($.support.leadingWhitespace) {
            $(this).css('max-width', $width*1.05+'px');
        }else {
            $(this).css('width', $width*1.05+'px');
        }

    });
}
function getMobileMenu() {
/* 创建切换下拉菜单列表 */
    $('.rwd').each(function() {
        var menutitle = $(this).attr("data-menu-title");
        if ( menutitle == "" ) {
            menutitle = "Menu";
        }else if ( menutitle == undefined ) {
            menutitle = "Menu";
        }
        var $menulist = $(this).children('.rwd-main-list').html();
        var $menucontrols = "<div class='rwd-toggled-controls'><div class='rwd-
            toggled-title'>" + menutitle + "</div><div class='rwd-button'><span> 
            </span><span> </span><span> </span></div></div>";
```

```
            $ (this).prepend("< div class = 'rwd - toggled rwd - closed'>" + $ menucontrols + "< ul
              >" + $ menulist + "</ul ></div >");
        });
}
function adaptMenu() {
    /* 不同大小下切换菜单 */
    $ ('.rwd').each(function() {
        var $ width = $ (this).css('max - width');
        $ width = $ width.replace('px', '');
        if ( $ (this).parent().width() < $ width * 1.05 ) {
            $ (this).children('.rwd - main - list').hide(0);
            $ (this).children('.rwd - toggled').show(0);
        }else {
            $ (this).children('.rwd - main - list').show(0);
            $ (this).children('.rwd - toggled').hide(0);
        }
    });
}
$ (function() {
    responsiveMobileMenu();
    getMobileMenu();
    adaptMenu();
    /* 点击手机菜单滑下菜单 */
    $ ('.rwd - toggled, .rwd - toggled .rwd - button').click(function(){
        if ( $ (this).is(".rwd - closed")) {
            $ (this).find('ul').stop().show(300);
            $ (this).removeClass("rwd - closed");
        }else {
            $ (this).find('ul').stop().hide(300);
            $ (this).addClass("rwd - closed");
        }
    });
});
/* 重设大小后隐藏手机菜单 */
$ (window).resize(function() {
    adaptMenu();
});
```

至此,响应式导航菜单就完成了。

实训 响应式布局实训

▶ 实训目的

熟悉并掌握响应式布局的理念和方法。

▶ 实训内容

利用前面介绍的技术和方法，制作出如图 9-9 和图 9-10 所示的响应式布局效果。

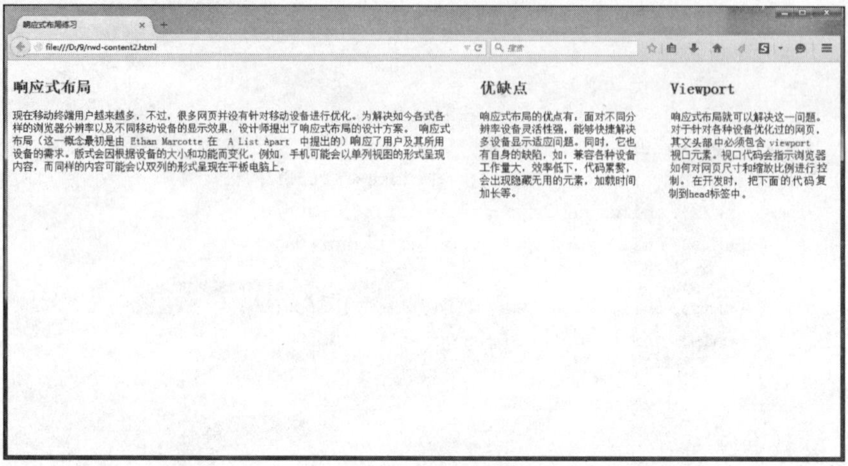

图 9-9　可视区域宽度较大时的显示效果

图 9-10　可视区域宽度较小时的显示效果

▶ 实训步骤

1. 设置 Meta 标签

在<head>标签里加入<Meta>标签,代码如下。

```
<meta name = "viewport" content = "width = device - width, initial - scale = 1, maximum - scale = 1, user - scalable = no">
```

2. 输入 HTML 代码

输入 HTML 代码如下。

```
<div id = "content">
    <h2 >响应式布局</h2 >
    <p ><! -- 此处省略段落内容 -- > </p >
</div >
<div id = "sidebar - left">
    <h2 >优缺点</h2 >
    <p ><! -- 此处省略段落内容 -- >  </p >
</div >
<div id = "sidebar - right">
    <h2 > Viewport </h2 >
    <p ><! -- 此处省略段落内容 -- > </p >
</div >
```

3. 运用 Media Query

运用 Media Query 的代码如下。

```
@media screen and (min - width: 650px){
    #content{
        width: 54 % ;
        float: left;
        margin - right: 3 % ;
    }
    #sidebar - left{
        width: 20 % ;
        float: left;
        margin - right: 3 % ;
    }
    #sidebar - right{
        width: 20 % ;
```

```
            float: left;
        }
}
@media screen and (max-width: 650px){
        #content{
            width: 100%;
        }
        #sidebar-left{
            width: 50%;
            float: left;
        }
        #sidebar-right{
            width: 50%;
            float: left;
        }
}
```

项 目 总 结

响应式布局已经成为网站设计的主流。页面的设计与开发应当根据用户行为以及设备环境(系统平台、屏幕分辨率、屏幕方向等)进行相应的响应和调整。具体的实践方式由多方面组成,包括弹性网格和布局、图片、CSS Media Query 的使用等。无论用户正在使用笔记本还是 iPad,我们的页面都应该能够自动切换分辨率、调整图片尺寸及执行相关脚本功能等,以适应不同设备。换句话说,页面应该有能力去自动响应用户的设备环境。

本项目主要介绍响应式布局的基本概念,以优化网页内容和设置响应式菜单为例,讲解响应式布局的基本方法和技术。

课 后 练 习

1. 利用素材中 banner. png 制作如图 9-11～图 9-13 所示的响应式布局效果。

图 9-11　可视区域宽度大于 1280px 时的显示效果

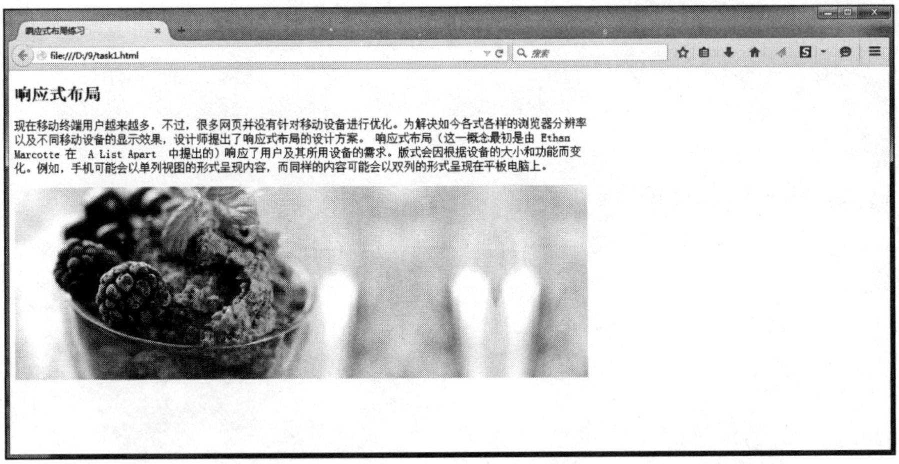

图 9-12　可视区域宽度大于 650px 小于 1280px 时的显示效果

图 9-13　可视区域宽度小于 650px 时的显示效果

2．上网查看哪些网站是采用响应式布局方式设计页面的。

项 目 10

用Bootstrap重构网页

知识目标

- 了解前端开发框架的概念。
- 了解 Bootstrap。
- 理解 Bootstrap 的组成结构。

技能目标

- 掌握 Bootstrap 栅格方法。
- 能够利用 Bootstrap 设置样式。
- 能够利用 Bootstrap 组件快速修饰元素。
- 会使用 Bootstrap 的 JavaScript 插件。

素养目标

- 探索实现页面效果快速而有效的方法。
- 探索网页设计的趋势。
- 培养团结协作的精神。

任务 重构网页

▶ 学习情境

小黄在网页学习的过程中，了解到目前有很多成熟的前端开发框架。因为利用框架技术可以极大地提高开发效率，所以小黄希望继续学习前端框架技术，能够利用框架快速布局页面、设置样式和添加动态效果。

▶ 任务描述

利用目前流行的 Bootstrap 框架技术制作如图 10-1 所示的网页效果。

本任务主要内容如下。

(1) 利用 Bootstrap 栅格化布局页面。

(2) 利用 Bootstrap CSS 重构页面样式。

(3) 基于 Bootstrap JavaScript 重构页面动态效果。

问题引导：

(1) 目前主要有哪些前端开发框架？

(2) 如何使用前端框架？

▶ 任务知识

1. 前端开发框架

随着 Web 技术的不断发展，前端开发框架层出不穷，目前比较流行的框架有

图 10-1　新闻列表效果

Bootstrap、Foundation、jQuery UI、jQuery Mobile、Sencha Ext JS 等。

jQuery UI 是 jQuery 项目组中对桌面端的扩展，包括了丰富的控件和特效，与 jQuery 无缝兼容。同时，jQuery UI 中预置了多种风格供用户选择，避免了千篇一律。如果对预置的风格不满意，还可以通过 jQuery UI 的可视化界面，自助对 jQuery UI 的显示效果进行配置，非常方便。

jQuery Mobile 是 jQuery 项目对移动端的扩展，目前支持 iOS、Android、Windows Phone、Black Berry 等主流平台。

Sencha Ext JS 是 Sencha 基于 Ext JS 开发的前端框架，内容极其丰富，控件、特效等支持非常丰富，表格、图画、报告、布局，甚至数据连接，无所不包。

Foundation 是 ZURB 旗下的主要面向移动端的开发框架，但是也保持对桌面端的兼容。

2. Bootstrap

Bootstrap 是由 Twitter 推出的 Web 前端框架。它是一种 HTML、CSS 和 JS 框架，用于开发响应式布局、移动设备优先的 Web 项目。它让前端开发更快速、简单，利用该框架开发者能快速上手，所有设备都可以适配、所有项目都能适用。

Bootstrap 主要针对桌面端市场，Bootstrap 3 提出移动优先，不过目前桌面端依然还是 Bootstrap 的主要目标市场。Bootstrap 主要基于 jQuery 进行 JavaScript 处理，支持 LESS 来做 CSS 的扩展。Bootstrap 框架在布局、版式、控件、特效方面都非常让人满意，都预置了丰富的效果，极大方便了用户开发。随着 Bootstrap 的广泛使用，扩展插件和组件也非常丰富，涉及显示组件、兼容性、图表库等各个方面。

图 10-2 所示是 Bootstrap 中文网站首页（http://www.bootcss.com/），在 Bootstrap 文档页面中可以下载最新的 Bootstrap 源码。

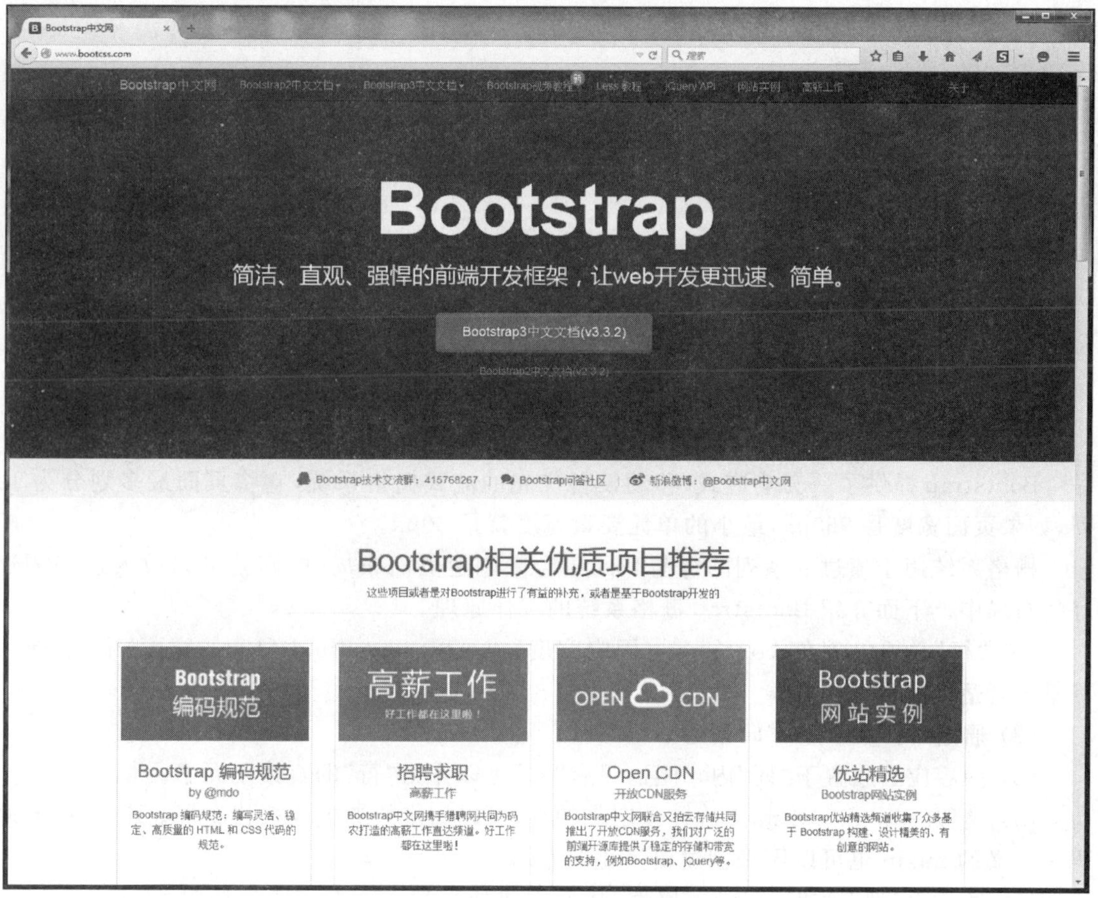

图 10-2　Bootstrap 中文网站首页

3. Bootstrap 准备

Bootstrap 源文件下载好后，就可以将 Bootstrap 提供的编译好的 CSS 文件和 JS 文件（本项目将这些文件存放在 css 和 js 文件夹中）引入到＜head＞中，代码如下。

```
<!-- 新 Bootstrap 核心 CSS 文件 -->
<link rel="stylesheet" href=" css/bootstrap.min.css">
 <!-- 可选的 Bootstrap 主题文件(一般不用引入) -->
 <link rel="stylesheet" href=" css/bootstrap-theme.min.css">
<!-- jQuery 文件。务必在 bootstrap.min.js 之前引入 -->
 <script src="js/jquery-1.11.2.min.js"></script>
<!-- 最新的 Bootstrap 核心 JavaScript 文件 -->
 <script src="js/bootstrap.min.js"></script>
```

要想使用 Bootstrap 还需要注意一点：页面必须为 HTML 5 文档类型，所以必须在每个使用 Bootstrap 页面的开头都引用如下代码。

```
<!DOCTYPE html>
<html lang="zh-CN">
  ...
</html>
```

为了确保响应式布局，在<head>标签中需要添加 viewport 元数据标签。

```
<meta name="viewport" content="width=device-width, initial-scale=1">
```

4. 栅格系统

Bootstrap 提供了一套响应式、移动设备优先的流式栅格系统，它将页面最多划分为 12 列，如果页面宽度是 960px，最小的单元要素宽度就是 80px。

栅格系统用于通过一系列的行与列的组合来创建页面布局，内容就可以放入这些创建好的布局中。下面介绍 Bootstrap 栅格系统的工作原理。

(1) “行”必须包含在.container（固定宽度）或.container-fluid（100%宽度）中，以便为其赋予合适的排列和内补。

(2) 通过“行”在水平方向创建一组“列”。

(3) 内容应当放置于“列”内，并且，只有“列”可以作为“行”的直接子元素。

(4) 类似.row 和.col-xs-4 这种预定义的类，可以用来快速创建栅格布局。Bootstrap 源码中定义的 mixin 也可以用来创建语义化的布局。

(5) 通过为“列”设置 padding 属性，从而创建列与列之间的间隔。通过为.row 元素设置负值 margin 从而抵消掉为.container 元素设置的 padding，也就间接为“行”所包含的“列”抵消掉了 padding。

(6) 每行被划分成 12 等份的栅格列。例如，如果把一行分为 3 个相等的列，那我们可以使用 3 个.col-xs-4。

(7) 如果一行中包含的列数大于 12，多余的“列”所在的元素将被作为一个整体另起一行排列。

(8) 栅格类根据断点大小应用到相应的宽度的屏幕上。当定义了.col-md-*，但是没有定义.col-lg-*时，中等和大屏幕显示器都会按照.col-md-*定义的来显示。

通过表10-1可以详细查看Bootstrap的栅格系统是如何在多种屏幕设备上工作的。

表10-1 Bootstrap的栅格参数

屏幕设备	超小屏幕手机（<768px）	小屏幕平板（≥768px）	中等屏幕桌面显示器（≥992px）	大屏幕大桌面显示器（≥1200px）
栅格系统行为	总是水平排列	开始是堆叠在一起的，当大于这些阈值时将变为水平排列		
.container最大宽度	None（自动）	750px	970px	1170px
类前缀	.col-xs-	.col-sm-	.col-md-	.col-lg-
列数	12			
最大列宽	自动	~62px	~81px	~97px
槽宽	30px（每列左右均有15px）			
可嵌套	是			
偏移	是			
列排序	是			

栅格系统的设置代码如下。

```
<div class = "row">
    <div class = "col - md - 1">.col - md - 1 </div>
    <div class = "col - md - 1">.col - md - 1 </div>
    <div class = "col - md - 1">.col - md - 1 </div>
    <div class = "col - md - 1">.col - md - 1 </div>
    <div class = "col - md - 1">.col - md - 1 </div>
    <div class = "col - md - 1">.col - md - 1 </div>
    <div class = "col - md - 1">.col - md - 1 </div>
    <div class = "col - md - 1">.col - md - 1 </div>
    <div class = "col - md - 1">.col - md - 1 </div>
    <div class = "col - md - 1">.col - md - 1 </div>
    <div class = "col - md - 1">.col - md - 1 </div>
    <div class = "col - md - 1">.col - md - 1 </div>
</div>
<div class = "row">
    <div class = "col - md - 8">.col - md - 8 </div>
    <div class = "col - md - 4">.col - md - 4 </div>
</div>
<div class = "row">
    <div class = "col - md - 4">.col - md - 4 </div>
    <div class = "col - md - 4">.col - md - 4 </div>
    <div class = "col - md - 4">.col - md - 4 </div>
</div>
<div class = "row">
```

```
    <div class = "col - md - 6">. col - md - 6 </div>
    <div class = "col - md - 6">. col - md - 6 </div>
</div>
```

实现的效果如图 10-3 所示。

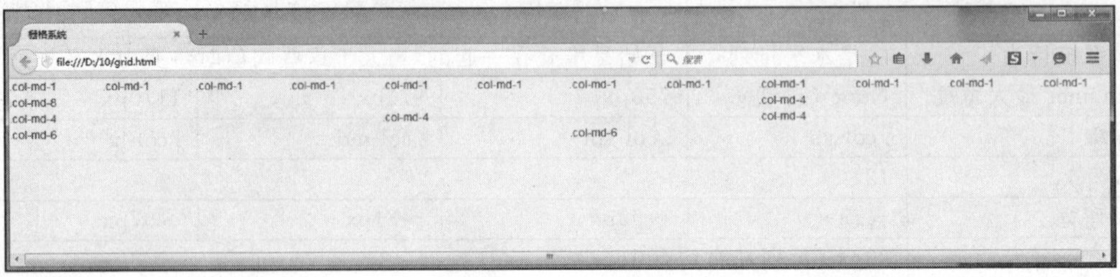

图 10-3　栅格效果

图 10-3 中第一行为 12 列，每列占 1 个栅格；第二行为两列，分别占 8 个栅格和 4 个栅格；第三行为两列，各占 6 个栅格。

5. 布局容器

Bootstrap 需要为页面内容和栅格系统包裹一个. container 容器或者. container-fluid。需要注意的是，由于 padding 等属性的原因，这两种容器类不能互相嵌套。

. container 类用于固定宽度并支持响应式布局的容器。

```
<div class = "container">
  …
</div>
.container - fluid 类用于 100 % 宽度，占据全部视口(viewport)的容器
<div class = "container - fluid">
  …
</div>
```

6. 样式及组件

通过为图片添加. img-responsive 类可以让图片支持响应式布局，其实质是为图片设置了 max-width：100％和 height：auto 属性，从而让图片在其父元素中更好地缩放。

在 Bootstrap 中，. img-rounded 可以设置圆角边框图片效果，. img-circle 设置圆形图片效果，. img-thumbnail 设置白边框效果，代码如下。

```
<img src = "imgs/banner. png" alt = "" class = "img - rounded">
<img src = "imgs/banner. png" alt = "" class = "img - circle">
<img src = "imgs/banner. png" alt = "" class = "img - thumbnail">
```

其效果如图 10-4 所示。

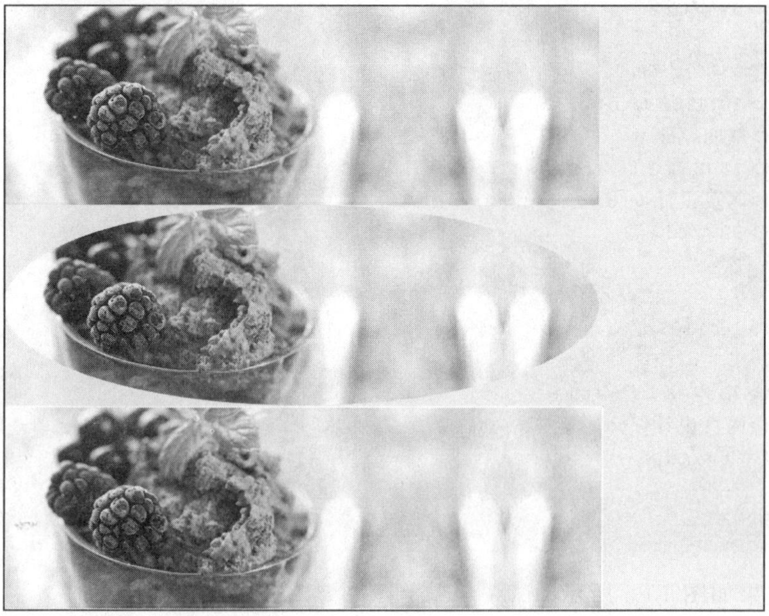

图 10-4 图片效果

Bootstrap 中设置浮动只需要添加一个类：pull-left 或者 pull-right，代码如下。

```
<div class = "pull - left">...</div>
<div class = "pull - right">...</div>
```

. center-block 的效果是让内容块居中，其实质是为任意元素设置 display：block 属性并通过 margin 属性让其中的内容居中。

. clearfix 的效果是清除浮动。

为<table>标签添加 table 类可以实现具有一定的 padding 以及水平方向的分割线效果。

```
<table class = "table">
  <tr>
      <td>学号</td>
      <td>姓名</td>
      <td>班级</td>
      <td>科目</td>
      <td>成绩</td>
  </tr>
  <tr>
      <td> 1011101 </td>
      <td>张三</td>
      <td> 13 电商 1 班</td>
```

```
        <td>网页设计</td>
        <td>89</td>
    </tr>
    <tr>
        <td>1011102</td>
        <td>李四</td>
        <td>13 电商 1 班</td>
        <td>网页设计</td>
        <td>92</td>
    </tr>
    <tr>
        <td>1011103</td>
        <td>王二</td>
        <td>13 电商 1 班</td>
        <td>网页设计</td>
        <td>78</td>
    </tr>
</table>
```

其表格效果如图 10-5 所示。

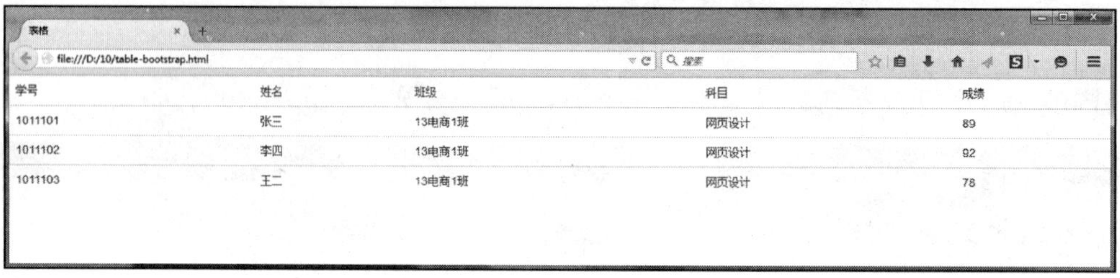

图 10-5　表格效果

为<a>、<button>、<input>元素添加类. btn、. btn-default、. btn-primary 等，可以快速创建一个带有预定义样式的按钮。

Bootstrap 中的导航组件依赖一个类. nav。导航条需要使用<nav>元素，如果使用通用的<div>元素的话，必须设置 role="navigation"属性，这样能够让使用辅助设备的用户明确知道这是一个导航区域。

Bootstrap 使用的是 Glyphicon Halflings 的图标字体。

```
<button type = "button" class = "btn btn - default btn - lg">
    <span class = "glyphicon glyphicon - search" aria - hidden = "true"></span> Search
</button>
```

7. JS 插件

Bootstrap 自带了 12 种 jQuery 插件，扩展了功能，可以给站点添加更多的互动，可以简单地一次性引入所有插件,或者逐个引入页面。

以一个弹出框为例来介绍其 jQuery 插件使用方法,首先需要设置弹出框的 data 编程接口,代码如下。

```
$(function () {
    $('[data-toggle="popover"]').popover();
})
```

下面的代码可以实现如图 10-6 所示的弹出框效果。

```
<button type="button" class="btn btn-lg btn-danger" data-toggle="popover" title="Bootstrap" data-content="Bootstrap 是由 Twitter 推出的 Web 前端框架。它是一种 HTML、CSS 和 JS 框架,用于开发响应式布局、移动设备优先的 Web 项目。它让前端开发更快速、简单,利用该框架开发者能快速上手,所有设备都可以适配,所有项目都能适用。">点我弹出/隐藏弹出框</button>
```

图 10-6　弹出框效果

设置 data-placement 属性值为 left、top、bottom 和 right 可以控制弹出框的方向。

▶ 任务实施

下面介绍利用 Bootstrap 栅格系统进行页面的快速布局,再利用 Bootstrap 提供的 CSS 样式和组件来修饰页面,最后采用 JavaScript 插件快速实现图片轮播效果,具体操作步骤如下。

1. 利用 Bootstrap 栅格布局页面

利用 Bootstrap 提供的栅格系统布局页面，形成如图 10-7 所示的效果。要求导航条占 8 个栅格，搜索框和购物车占 4 个栅格，产品列表占 9 个栅格，右边新闻列表列占 3 个栅格。

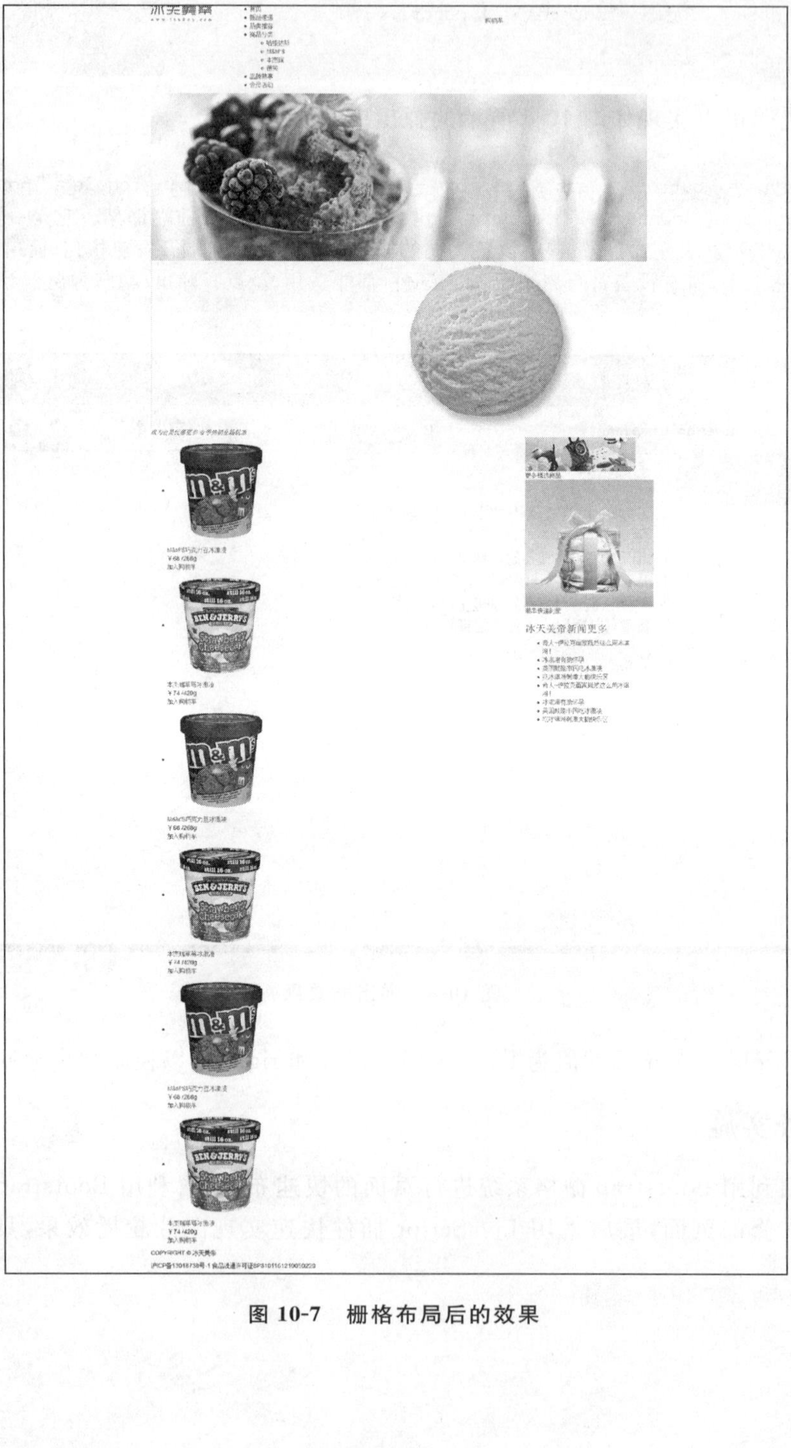

图 10-7　栅格布局后的效果

(1) 引入 CSS 和 JS 文件

在页面开头引入相关文件,并设置 HTML 5 文档类型,代码如下。

```
<!doctype html>
<html lang="zh-CN">
<head>
    <meta charset="utf-8">
    <meta http-equiv="X-UA-Compatible" content="IE=edge">
    <meta name="viewport" content="width=device-width, initial-scale=1">
    <title>用 Bootstrap 重构网页</title>
    <link rel="stylesheet" type="text/css" href="css/bootstrap.min.css">
    <script type="text/javascript" src="js/jquery-1.11.2.js"></script>
    <script type="text/javascript" src="js/bootstrap.min.js"></script>
</head>
```

(2) 添加 HTML 内容

本例还是采用冰天美帝首页的页面,其 HTML 文档代码如下。

```
<!-- 首页 header -->
<div class="header">
    <div>
        <a href="#">
            <img src="imgs/logo.png" alt="冰天美帝">
        </a>
    </div>
    <ul>
        <li><a href="#">首页</a></li>
        <li><a href="#">新品速递</a></li>
        <li><a href="#">热卖推荐</a></li>
        <li><a href="#">商品分类</a>
            <ul>
                <li><a href="#">哈根达斯</a></li>
                <li><a href="#">M&amp;M'S</a></li>
                <li><a href="#">本·杰瑞</a></li>
                <li><a href="#">德芙</a></li>
            </ul>
        </li>
        <li><a href="#">品牌故事</a></li>
        <li><a href="#">会员活动</a></li>
    </ul>

    <div>
        <div>
            <input type="text" >
        </div>
        <button type="button">
```

```
                <span>购物车</span>
            </button>
        </div>
    </div>

    <! -- 首页 banner -- >
    <div>
        <div>
            <div>
                <img src = "imgs/banner.png" alt = "...">
                <div class = "carousel - caption">
                    成为会员优惠更多
                </div>
            </div>
            <div>
                <img src = "imgs/banner2.png" alt = "...">
                <div class = "carousel - caption">    春季促销 部分商品 8 折
            </div>
        </div>
        <div>
            <img src = "imgs/banner.png" alt = "...">
            <div class = "carousel - caption">成为会员优惠更多</div>
        </div>
    </div>

    <! -- 首页主体 -- >
    <div>
        <ul>
            <li>
                <div>
                    <a href = "#">
                        <img src = "imgs/mm.png" class = "img - responsive">
                    </a>
                </div>
                <div>
                    <h5>
                        <a href = "#">M&amp;M'S 巧克力豆冰激凌</a>
                    </h5>
                    <div>
                        <em>
                            <span>¥ 68 </span>
                            <span>/268g </span>
                        </em>
                    </div>
                </div>
                <div>
```

```
                <button class="btn btn-default  btn-block" type="submit">加入购物车
                </button>
            </div>
        </li>
        <!--此处省略其他 5 个列表项-->
    </ul>
</div>
<div>
    <div>
        <a href="#">
            <img src="imgs/ickbuy-more.png" alt="更多精选商品">
                <span class="ickbuy-more-title">更多精选商品</span>
        </a>
    </div>
    <div>
        <a href="#">
            <img src="imgs/ickbuy-ad.png" alt="顺丰快递到家">
                <span class="ickbuy-ad-title">顺丰快递到家</span>
        </a>
    </div>
    <div>
        <h3>冰天美帝新闻<span><a href="#"><small>更多</small></a></span></h3>
        <ul>
            <li><a href="#">奇人~伊拉克画家竟然这么用冰激凌!</a></li>
            <li><a href="#">冰激凌有助怀孕</a></li>
            <li><a href="#">英国鼓励市民吃冰激凌</a></li>
            <li><a href="#">吃冰激凌刺激大脑快乐区</a></li>
            <li><a href="#">奇人~伊拉克画家竟然这么用冰激凌!</a></li>
            <li><a href="#">冰激凌有助怀孕</a></li>
            <li><a href="#">英国鼓励市民吃冰激凌</a></li>
            <li><a href="#">吃冰激凌刺激大脑快乐区</a></li>
        </ul>
    </div>
</div>

<!--首页尾部-->
<div>
    <p>COPYRIGHT © 冰天美帝</p><p>沪 ICP 备 13018738 号 - 1 食品流通许可证
        SP3101151210050229</p>
</div>
```

此时，页面效果如图 10-8 所示。

(3) 利用栅格系统

接下来就可以使用 Bootstrap 提供的栅格系统了。栅格系统用于通过一系列的行与列的组合来创建页面布局，行必须包含在.container(固定宽度)或.container-fluid(100%宽度)中，代码如下。

图 10-8　添加纯 HTML 内容效果

```
<!--首页 header-->
<div class="header">
    <div class="container center-block">
        <div class="row ">
            <div class="col-md-8">
                <!--省略导航条代码-->
            </div>
            <div class="col-md-4">
                <!--省略搜索框和购物车代码-->
            </div>
        </div>
    </div>
</div>

<div class="container">
    <!--首页 banner-->
    <div class="row">
        <div class="col-md-12">
            <!--省略轮播图代码-->
        </div>
    </div>
</div>
<!--首页主体-->
<div class="container">
    <div class="row ">
        <div class="col-md-9">
            <!--省略产品图片列表代码-->
        </div>
        <div class="col-md-3">
            <div class="col-md-12>
                <a href="#">
                    <img src="imgs/ickbuy-more.png" alt="更多精选商品">
                    <span class="ickbuy-more-title">更多精选商品</span>
                </a>
            </div>
            <div class="col-md-12 ">
                <a href="#">
                    <img src="imgs/ickbuy-ad.png" alt="顺丰快递到家">
                    <span class="ickbuy-ad-title">顺丰快递到家</span>
                </a>
            </div>
            <div class="col-md-12 ">
                <!--省略新闻列表代码-->
            </div>
        </div>
    </div>
</div>

<!--首页尾部-->
```

```
<div class = "footer">
    <div class = "container">
        <div class = "row ">
            <div class = "col - md - 12">
                <p>COPYRIGHT © 冰天美帝</p><p>沪 ICP 备 13018738 号 - 1 食品流通许可证
                    SP3101151210050229 </p>
            </div>
        </div>
    </div>
</div>
```

此时，利用 Bootstrap 栅格系统布局页面就完成了，最终效果如图 10-7 所示。

2. 基于 Bootstrap CSS 重构页面样式

在进行栅格布局的基础上，我们还需要对其进行样式的修饰，如使用图标字体、导航条水平排列、产品图片列表两行三列显示、修改链接颜色等，效果如图 10-9 所示。

图 10-9　修改样式后的效果

(1) 应用 Bootstrap 框架

利用 Bootstrap 已有的框架来修饰页面，如图标字体、水平导航条、下拉菜单、搜索框和按钮等。应用 Bootstrap 框架的代码如下。

```
<div class = "header">
    <div class = "container center - block">
        <div class = "row ">
            <div class = "col - md - 8">
                <div role = "navigation">
                    <div class = "navbar - header">
                        <a class = "navbar - brand" href = "#">
                            <img src = "imgs/logo.png" alt = "冰天美帝">
                        </a>
                    </div>
                    <ul class = "nav navbar - nav ">
                        <li><a href = "#">首页</a></li>
                        <li><a href = "#">新品速递</a></li>
                        <li><a href = "#">热卖推荐</a></li>
                        <li class = "dropdown"><a href = "#" class = "dropdown - toggle"
                            data - toggle = "dropdown" role = "button" aria - expanded = "
                            false">
                        商品分类 <span class = "caret"></span></a>
                            <ul  class = "dropdown - menu" role = "menu">
                                <li><a href = "#">哈根达斯</a></li>
                                <li><a href = "#"> M&amp;M'S </a></li>
                                <li><a href = "#">本·杰瑞</a></li>
                                <li><a href = "#">德芙</a></li>
                            </ul>
                        </li>
                        <li><a href = "#">品牌故事</a></li>
                        <li><a href = "#">会员活动</a></li>
                    </ul>
                </div>
            </div>
            <div class = "pull - right" >
                <form class = "navbar - form navbar - left" role = "search">
                  <div class = "input - group">
                  <input type = "text" class = "form - control" id = "inputGroupSuccess2"
                  aria - describedby = "inputGroupSuccess2Status" placeholder = "哈根达斯">
                        <span class = "btn input - group - addon">
                  <span class = "glyphicon glyphicon - search" aria - hidden = "true"></span>
                   </span>
                  </div>
                  <button class = "btn btn - primary" type = "button">
                      <span class = "glyphicon glyphicon - shopping - cart"
                       aria - hidden = "true"></span> <span>购物车</span>
                  </button>
                </form>
```

```
            </div>
        </div>
    </div>
</div>

<div class = "container">
    <! -- 首页 banner -- >
    <div class = "row">
        <div class = "col - md - 12">
                <! -- 省略轮播图代码 -- >
        </div>
    </div>
</div>

<div class = "container">
    <! -- 首页主体 -- >
    <div class = "row pagebody">
        <div class = "col - md - 9">
            <ul class = "list - unstyled list - inline">
                <li>
                    <div>
                        <a href = "#">
                            <img src = "imgs/mm.png" class = "img - responsive">
                        </a>
                    </div>
                    <div>
                        <h5>
                            <a href = "#">M&amp;M'S 巧克力豆冰激凌</a>
                        </h5>
                        <div>
                            <em>
                                <span>¥68</span>    <span>/268g</span>
                            </em>
                        </div>
                    </div>
                    <div>
                        <button class = "btn btn - default  btn - block" type = "submit">
                        加入购物车</button>
                    </div>
                </li>
                <! -- 省略其他图片列表项 -- >
            </ul>
        </div>
        <div class = "col - md - 3">
            <div class = "col - md - 12 ickbuy - more ">
                <a href = "#">
                    <img src = "imgs/ickbuy - more.png" alt = "更多精选商品">
                    <span class = "ickbuy - more - title">更多精选商品</span>
```

```
                </a>
            </div>
            <div class="col-md-12 ickbuy-ad ">
                <a href="#">
                    <img src="imgs/ickbuy-ad.png" alt="顺丰快递到家">
                    <span class="ickbuy-ad-title">顺丰快递到家</span>
                </a>
            </div>
            <div class="col-md-12 ickbuy-news ">
                <h3>冰天美帝新闻<span class="pull-right"><a href="#"><small>更多
                    </small></a></span></h3>
                <ul class="list-unstyled">
                    <li><a href="#">奇人~伊拉克画家竟然这么用冰激凌!</a></li>
                    <li><a href="#">冰激凌有助怀孕</a></li>
                    <li><a href="#">英国鼓励市民吃冰激凌</a></li>
                    <li><a href="#">吃冰激凌刺激大脑快乐区</a></li>
                    <li><a href="#">奇人~伊拉克画家竟然这么用冰激凌!</a></li>
                    <li><a href="#">冰激凌有助怀孕</a></li>
                    <li><a href="#">英国鼓励市民吃冰激凌</a></li>
                    <li><a href="#">吃冰激凌刺激大脑快乐区</a></li>
                </ul>
            </div>
        </div>
    </div>
</div>

<!--首页尾部-->
<div class="footer">
    <div class="container">
        <div class="row ">
            <div class="col-md-12">
                <p>COPYRIGHT ? 冰天美帝</p><p>沪 ICP 备 13018738 号-1 食品流通许可证
                    SP3101151210050229</p>
            </div>
        </div>
    </div>
</div>
```

(2) CSS 修饰

为了让页面达到自己想要的效果,有时还需要添加自己设计的CSS样式代码,如链接颜色、页面背景色、图片列表间距、文本投影等,代码如下。

```
a,a:visited{
    color: #36332e !important;          /* !important 提高其重要度,优先于任何规则 */
    text-decoration: none;
}
```

```
a:hover{
        color:#BB0F73;
}
body{
        font-family: "微软雅黑";
        font-size: 14px;
        color: #36332e;
        background-color: #f4f4f4 !important;
}
.header{
        width: 100%;
        padding: 20px 0;
        background-color: #fff;
        border-bottom-style: solid;
        border-top-width: 2px;
        border-bottom-color:#c4c4c4;
}
.navbar-form button,.navbar-form button a,.navbar-form button a:visited,.navbar-form
button a:hover{
        background-color: #D5077F !important;
        border-color: #BB0F73 !important;
}
.pagebody{
        padding-top: 20px;
}
.pagebody ul li{
        padding: 5px;
        margin: 5px;
        background-color: #fff;
}
.pagebody ul li button{
        margin: 10px 0;
}
.ickbuy-more{
        margin: 10px 0 15px 0;
        height: 80px;
        width: 100%;
        overflow: hidden;
}
.ickbuy-ad{
        height: 258px;
        width: 100%;
        overflow: hidden;
}
.ickbuy-more-title{
        color: #fff;
        position: absolute;
```

```
        font - size: 20px;
        left: 20px;
        top:20px;
        font - weight: bolder;
        text - shadow:1px 2px 3px rgba(0,0,0,0.5);
}
.ickbuy - ad - title{
        position: absolute;
        left: 20px;
        top: 20px;
        font - size: 18px;
        font - weight: bolder;
}
.ickbuy - news ul li {
        margin: 0;
        padding: 2px 0;
        background - color: #f4f4f4 !important;
}
.ickbuy - news h3{
        border - bottom - style: solid;
        border - bottom - width: 2px;
        border - bottom - color: #c4c4c4;
        padding - bottom: 5px;
        width: 100%;
}
.footer{
        margin - top: 15px;
        padding - top:15px;
        padding - bottom: 15px;
        background - color: #c4c4c4;
        color: #36332E;
        line - height: 15px;
}
```

此时，即可实现如图 10-9 所示效果。

3. 基于 Bootstrap JavaScript 重构页面动态效果

使用 Bootstrap JavaScript 框架实现页面中间的轮播图片效果，如图 10-1 所示。

（1）选择轮播插件

Bootstrap 轮播插件是一种灵活的响应式的向站点添加滑块的方式。除此之外，内容也是足够灵活的，可以是图像、内嵌框架、视频或者其他想要放置的任何类型的内容。

（2）应用轮播插件

为了实现轮播，只需要添加带有该标记的代码即可。不需要使用 data 属性，只需要简单的基于 class 的开发。以下为轮播部分完整代码。

```
<div class = "row">
    <div class = "col - md - 12">
        <div id = "carousel - example - generic" class = "carousel slide"
            data - ride = "carousel">
          <! -- 轮播指标 -->
          <ol class = "carousel - indicators">
              <li data - target = " # carousel - example - generic" data - slide - to = "0"
                  class = "active"></li>
              <li data - target = " # carousel - example - generic" data - slide - to = "1"></li>
              <li data - target = " # carousel - example - generic" data - slide - to = "2"></li>
          </ol>
          <! -- 轮播项目 -->
          <div class = "carousel - inner" role = "listbox">
              <div class = "item active">
                  <img src = "imgs/banner.png" alt = "...">
                  <div class = "carousel - caption">
                      成为会员优惠更多
                  </div>
              </div>
              <div class = "item">
                  <img src = "imgs/banner2.png" alt = "...">
                  <div class = "carousel - caption">
                      春季促销 部分商品 8 折
                  </div>
              </div>
              <div class = "item">
                  <img src = "imgs/banner.png" alt = "...">
                  <div class = "carousel - caption">
                      成为会员优惠更多
                  </div>
              </div>
          </div>
        <! -- 轮播导航 -->
        <a class = "left carousel - control" href = " # carousel - example - generic"
            role = "button" data - slide = "prev">
          <span class = "glyphicon glyphicon - chevron - left" aria - hidden = "true"></span>
          <span class = "sr - only"> Previous </span>
        </a>
        <a class = "right carousel - control" href = " # carousel - example - generic"
            role = "button" data - slide = "next">
          <span class = "glyphicon glyphicon - chevron - right" aria - hidden = "true"></span>
          <span class = "sr - only"> Next </span>
        </a>
</div>
```

这时,一个美观的轮播效果就快速实现了。

实训 利用 Bootstrap 设置标签页

▶ 实训目的

熟悉并掌握 Bootstrap 框架的使用方法，学会标签页（Tab）插件的应用。

▶ 实训内容

利用 Bootstrap 中标签页（Tab）插件，制作出如图 10-10 所示的标签页切换效果。

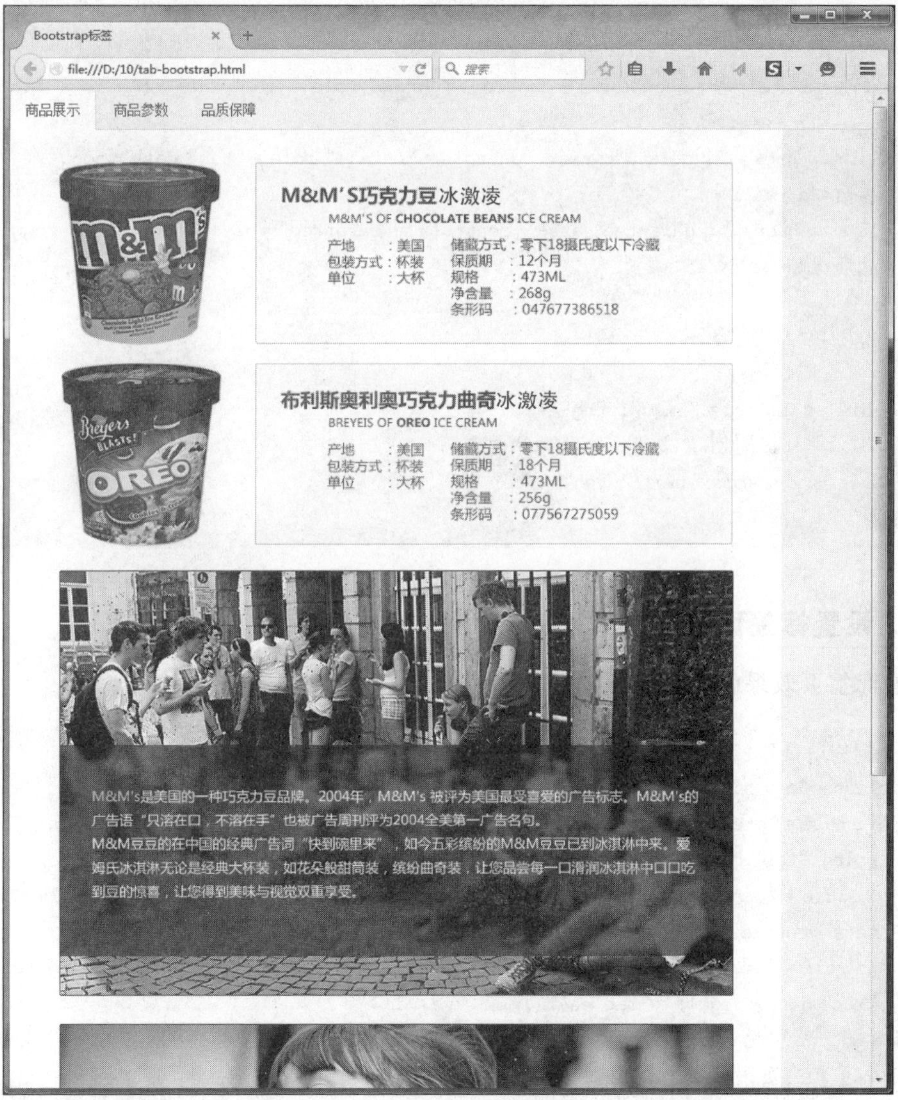

图 10-10 标签页效果

▶ 实训步骤

1. 设计思路分析

通过 data 属性，需要添加 data-toggle="tab"或 data-toggle="pill"到锚文本链接中。添加 nav 和 nav-tabs 类到 ul 中，会应用 Bootstrap 标签样式；添加 nav 和 nav-pills 类到 ul 中，会应用 Bootstrap 胶囊式样式。

2. 输入 html 代码

```
<!—标签项目列表 -->
<ul>
    <li><a href="#show" aria-controls="show" role="tab" data-toggle="tab">商品展示
        </a></li>
    <li><a href="#detail" aria-controls="detail" role="tab" data-toggle="tab">商品
     参数</a></li>
    <li><a href="#garantee" aria-controls="garantee" role="tab" data-toggle="tab">
     品质保障</a></li>
</ul>
<!--标签项目下内容 -->
<div>
    <div><img src="imgs/1.png"></div>
    <div><!--此处省略商品参数具体内容 --></div>
    <div><img src="imgs/2.jpg"></div>
</div>
```

3. 设置标签页效果

设置标签页效果的代码如下。

```
<!--标签项目列表 -->
<ul class="nav nav-tabs" role="tablist" id="myTab">
    <li role="presentation" class="active"><a href="#show" aria-controls="show"
     role="tab" data-toggle="tab">商品展示</a></li>
    <li role="presentation"><a href="#detail" aria-controls="detail" role="tab"
     data-toggle="tab">商品参数</a></li>
    <li role="presentation"><a href="#garantee" aria-controls="garantee" role=
     "tab" data-toggle="tab">品质保障</a></li>
</ul>
<!--标签项目下内容 -->
<div class="tab-content">
```

```
    <div role="tabpanel" class="tab-pane active" id="show"><img src="imgs/1.png"></div>
    <div role="tabpanel" class="tab-pane" id="detail">
    <!-- 此处省略商品参数具体内容 --></div>
    <div role="tabpanel" class="tab-pane" id="garantee"><img src="imgs/2.jpg"></div>
</div>
<!-- 使用 JavaScript 来启用标签页 -->
<script>
    $(function () {
        $('#myTab a:first').tab('show');
    })
</script>
```

项目总结

Bootstrap 是一个用于快速开发网页应用程序和网站的前端框架，它是基于 HTML、CSS 和 JavaScript 的。Bootstrap 提供了一个带有网格系统、链接样式、背景的基本结构；具有全局的 CSS 设置，定义基本 HTML 元素样式等特性；包含十几个可重用的组件；Bootstrap 还包含了十几个自定义的 jQuery 插件。

课后练习

1. 利用 Bootstrap 框架制作如图 10-11 所示的表单效果。

图 10-11　表单效果

2. 利用 Bootstrap 制作如图 10-12 所示的分页效果。

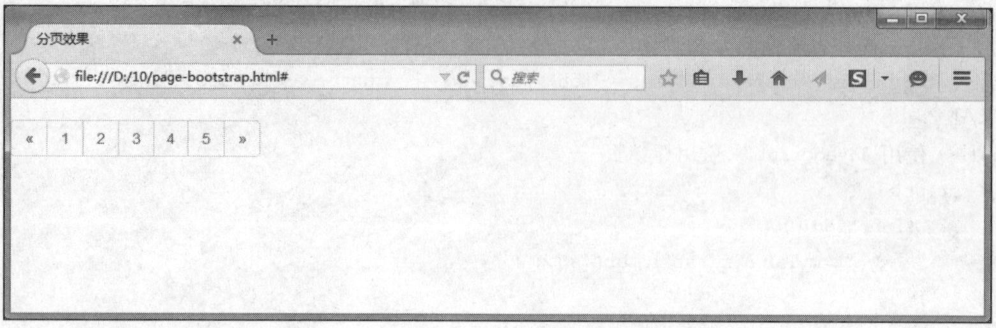

图 10-12　分页效果

项 目 11

综 合 练 习

任务 1　学校网站制作

▶ 任务描述

本任务需要完成一个学校网站首页的制作，效果如图 11-1 所示。在添加 IITML 元素后，需要利用 CSS 修改其样式，利用 JavaScript 添加页面动态效果。

图 11-1　学校网站首页

▶ 任务实施

1. 添加 HTML 内容

本任务的文档结构如图 11-2 所示。

```
├──── 顶部
│     ├──── 顶部左侧菜单
│     ├──── 顶部右侧图标
├──── 中间部分
│     ├────Logo 部分
│     ├──── 导航菜单
│     └──── 主体部分
│           ├──── 左侧选项卡
│           └──── 右侧新闻列表
├──── 图片滚动
└──── 底部
```

图 11-2　学校网站首页的 HTML 文档结构

其 HTML 代码如下。

```
<! -- 顶部 -- >
< div id = "top">
    < div class = "top - main">
        <! -- 顶部左侧菜单 -- >
        < dl class = "top - left fl">
            < dd class = "on">< h3 >< a target = "_blank" href = " # ">网站首页</a ></h3 ></dd >

            < dd >< h3 >< a target = "_blank" href = " # ">新闻中心</a ></h3 ></dd >
            < dd >< h3 >< a target = "_blank" href = " # ">数字校园</a ></h3 ></dd >
            < dd >< h3 >< a target = "_blank" href = " # ">校园博客</a ></h3 ></dd >
            < dd >< h3 >< a target = "_blank" href = " # ">校务公开</a ></h3 ></dd >
        </dl >
        <! -- 顶部右侧图标 -- >
        < dl class = "top - right fr">
            < dd >
                < h3 >< a target = "_blank" href = " # " class = "wx">微信</a ></h3 >
                < ul >
                    < li >< img src = "images/ewm.jpg" alt = ""></li >
                </ul >
            </dd >
            < dd >
                < h3 >< a target = "_blank" href = " # " class = "xl">新浪</a ></h3 >
                < ul >
                    < li >< img src = "images/ewm.jpg" alt = ""></li >
                </ul >
            </dd >
            < dd >
                < h3 >< a target = "_blank" href = " # " class = "tx">腾讯</a ></h3 >
                < ul >
                    < li >< img src = "images/ewm.jpg" alt = ""></li >
                </ul >
            </dd >
        </dl >
    </div >
</div >
<! -- 中间部分 -- >
< div class = "container w950">
  <! -- Logo 部分 -- >
  < div id = "logo" class = "w950">
      < div class = "header - input" >
          < form method = "get">
              < input type = "text" name = "search" id = "search"  >
              < button type = "submit" name = "search - btn" id = "search - btn">
              < i class = "icon - search icon - large"></i ></button >
          </form >
      </div >
  </div >
</div >
```

```
<!--导航菜单-->
<div id="nav" class="w950">
    <div class="navBar">
        <ul class="nav clearfix">
            <li id="m1" class="m">
                <h3><a class="nav_index" target="_blank" href="#">首页</a></h3>
            </li>
            <li id="m5" class="m">
                <h3><a  href="#">学校概况</a></h3>
            </li>
            <li id="m2" class="m">
                <h3><a  href="#">机构设置</a></h3>
                <div class="sub">
                    <dl>
                        <dt><a href="#">党群机构</a></dt>
                        <dd><a href="#">办公室</a></dd>
                        <dd><a href="#">组织部</a></dd>
                        <dd><a href="#">宣传部</a></dd>
                        <dd><a href="#">监察处</a></dd>
                        <dd><a href="#">工会</a></dd>
                        <dd><a href="#">团委</a></dd>
                    </dl>
                    <!--此处省略其他 dl 表格内容-->
                </div>
            </li>
            <!--此处省略其他菜单项 -->
        </ul>
    </div>
</div>
<!--主体部分 -->
<div id="main" class="clearfix">
    <!--左侧选项卡-->
    <div id="main-left" class="fl">
        <div class="ajaxBox">
            <div class="hd">
                <ul>
                    <li class="tab_index"><a href="#">学院要闻</a></li>
                    <li><a href="#">视频新闻</a></li>
                    <li><a href="#">系部快讯</a></li>
                    <li><a href="#">职教动态</a></li>
                    <li><a href="#">媒体看学院</a></li>
                </ul>
            </div>
            <div class="bd">
                <div class="con" >
                    <div class="news clearfix">
                        <div class="news-left fl pt5">
```

```
                        <img src="images/player.jpg" alt="">
                    </div>
                    <div class="news-right fr">
                        <ul>
                            <li><a href="">澳大利亚塔斯马尼亚州教育部代表团...</a>
                                </li>
                            <li><a href="">安徽工程大学教学督导组来院指导工作</a>
                                </li>
                            <li><a href="">安徽财贸职业学院耿金岭院长一行考察我院
                                大 </a></li>
                            <li><a href="">全国高职高专院校思想政治理论课微课教学
                                比...</a></li>
                            <li><a href="">[党的群众路线教育实践活动]学院...</a>
                                </li>
                            <li><a href="">全国高职高专院校思想政治理论课微课教
                                学...</a></li>
                            <li><a href="">全国高职高专院校思想政治理论课微课教学
                                比...</a></li>
                            <li><a href="">澳大利亚塔斯马尼亚州教育部代表团...</a>
                                </li>
                        </ul>
                    </div>
                </div>
            </div>
        <!--此处省略其他 4 项<div class="con">的选项卡下内容 -->
        </div>
    </div>
</div>
<!--右侧新闻列表-->
<div id="main-right" class="fr">
    <div class="box">
        <div class="box-top">
            <div class="box-top-area">
                <h3>通知公告</h3>
                <a href="" class='mores'>更多>></a>
            </div>
        </div>
        <div class="box-center">
            <div class="notice">
                <ul>
                    <li><a href="" class="fl">澳大利教育部代表团...</a>
                     <span class="add-time fr">2014-10-18</span></li>
                    <!--此处省略其余列表项内容 -->
                </ul>
            </div>
        </div>
    </div>
```

```
    </div>
</div>
<!-- 图片滚动 -->
<div id="cate-info" class="w960">
    <div class="picScroll">
        <ul>
            <li><a href="#"><img src="images/1.jpg" /></a></li>
            <li><a href="#"><img src="images/2.jpg" /></a></li>
            <li><a href="#"><img src="images/3.jpg" /></a></li>
            <li><a href="#"><img src="images/1.jpg" /></a></li>
            <li><a href="#"><img src="images/2.jpg" /></a></li>
            <li><a href="#"><img src="images/3.jpg" /></a></li>
            <li><a href="#"><img src="images/1.jpg" /></a></li>
            <li><a href="#"><img src="images/2.jpg" /></a></li>
            <li><a href="#"><img src="images/3.jpg" /></a></li>
        </ul>
        <a class="prev" style="display:none;"></a>
        <a class="next" style="display:none;"></a>
    </div>
</div>
<!--页面底部-->
<div id="footer">
    <p>版权所有 &copy;芜湖职业技术学院 COPYRIGHT&copy;WUHU ISTITUTE OF TECHNOLOGY 皖 ICP 备
    05000975 号</p>
    <p>北校区地址：安徽省芜湖市银湖北路 62 号   邮编：241006   南校区地址：安徽省芜湖市文
    津西路   邮编：241003</p>
</div>
```

2. 修改 CSS 样式

CSS 样式存放于外部样式表文件 common.css 和 style.css 中，本任务还采用了 Font Awesome 图标字体，所以在<head>中引入以下文件。

```
<link rel="stylesheet" href="css/common.css">
<link rel="stylesheet" href="css/style.css">
<link href="css/font-awesome.min.css" rel="stylesheet" type="text/css">
```

common.css 文件中存放通用样式，代码如下。

```
@CHARSET "UTF-8";
* { margin:0; padding:0; list-style:none;}
ol,ul,li { list-style: none; }
a{text-decoration: none;}
a:hover{color:red;}
input,img,select{vertical-align: middle;}
```

```
html, body { font:normal 13px "Microsoft YaHei";font-family: "Microsoft YaHei","微软雅黑","
sans-serif" ;}
.fl{float: left;}
.fr{float: right;}
.clearfix{display:block;clear:both;}
.clearfix{ *zoom:1;}
.clearfix: after{display: block; overflow: hidden; clear: both; height: 0; visibility: hidden;
content:".";}
.pt10{padding-top: 10px;}
.pr10{padding-right: 10px;}
.pb10{padding-bottom: 10px;}
.pl10{padding-left: 10px;}
.pt5{padding-top: 5px;}
.pr5{padding-right: 5px;}
.pb5{padding-bottom: 5px;}
.pl5{padding-left: 5px;}
.w960{width: 960px;}
.w950{width: 950px;}
```

在 style.css 文件中存放首页中的样式，代码如下。

```
@CHARSET "UTF-8";
body{
    background: url(../images/bg.jpg);
    background-repeat: no-repeat;
    background-position: center, 40px;
}
#top{
    height: 40px;
    line-height:40px;
    background: #1b6ec3 url(../images/top_bg.jpg) 0 bottom repeat-x;
    position:relative;
    z-index:2;
    width: 100%;
}
.top-main{ width:950px; margin:0 auto; height: 40px;}
.top-main h3{ font-weight:normal; font-size:100%;}
.top-main dl{ zoom:1; }
.top-main dd{ float:left; position:relative; }
.top-main dd h3{ float:left; }
.top-main dd h3 a{
    color: #fff;
    display:inline-block;
    *display:inline;
    zoom:1;
    height:40px;
    line-height:40px;
    padding: 0px 20px;
}
.top-main dd h3 a:hover,
```

```
.top-main dd.on h3 a{
    background:#fff url(../images/top_cur.jpg) 0 0 repeat-x;
    color:#1b6ec3;
}
.top-main dd ul{
    display:none;     /* 默认隐藏 */
    position:absolute;
    top:40px;
    left:-1px;
    border:1px solid #12487f;
    border-top:0;
    background:#fff;
    -moz-box-shadow: 3px 3px 3px rgba(0, 0, 0, .1);
    -webkit-box-shadow: 3px 3px 3px rgba(0, 0, 0, .1);
    box-shadow: 3px 3px 3px rgba(0, 0, 0, .1);
}
.top-main dd ul li{   padding: 10px; }
.top-main dd ul li a{ display: block; color: #333; padding: 0 15px; }
.top-main dd ul li a:hover{ background:#FFF5DA; color:#E67902;     }
.top-main dd ul li a span{ color:#FF8400; margin-left:5px;   }
.top-main .top-right dd h3 a{
    padding:0px 15px;
    text-indent: -99999px;
}
.top-main .top-right  dd ul{
    left: -20px;
}
.top-main .top-right .wx{
    background: url(../images/weixin.jpg) center center no-repeat;
}
.top-main .top-right .xl{
    background: url(../images/xl.jpg) center center no-repeat;
}
.top-main .top-right .tx{
    background: url(../images/tx.jpg) center center no-repeat;
}

.top-main .top-right dd h3 a:hover,
.top-main .top-right dd.on h3 a{
    /* background:url(../images/wx_cur.jpg) 0 bottom no-repeat;   */
    /* color:#1b6ec3;    */
}
.container{margin: 0px auto;}
#logo{
    height: 80px;
    background: url(../images/logo.png) -10px 0 no-repeat;
    margin: 0 auto;
}
#nav{
    height: 41px;
```

```
    margin: 0 auto;
    background: #cee4f8 url(../images/nav_bg.jpg) 0 0 repeat-x;
}
.navBar{ position:relative; z-index:1; color:#5a5a5a; height:41px; line-height:41px;   }
.nav{ width:950px; margin:0 auto; }
.nav h3{ font-size:100%; font-weight:normal; font-size:14px;  }
.nav .m{  position:relative; float:left; width:105px;display:inline; text-align:center; }
.nav h3 a{ zoom:1; height:41px; line-height:41px;  display:block; color:#5a5a5a;
    font-weight: bold; background: url(../images/nav_line.jpg) 0 0 no-repeat;
}
.nav .nav_index{
    background: none;
}
.nav .on h3 a{ background: url(../images/nav_a_cur.jpg) 0 0 repeat-x; color: #bb0000;}
.nav .sub{ display:none; /*默认隐藏*/ width:105px; padding:10px 0;  position:absolute;
    left: -1px; top:41px;  float:left; line-height:30px;
    border:1px solid #96c1ed;border-top: none;
    background: #fff;
    -moz-box-shadow: 3px 3px 3px rgba(0, 0, 0, .1);
    -webkit-box-shadow: 3px 3px 3px rgba(0, 0, 0, .1);
    box-shadow: 3px 3px 3px rgba(0, 0, 0, .1);
}
.nav .sub li{ text-align:center;  }
.nav .sub li a{ color:#333; display:block; zoom:1;}
.nav .sub li a:hover{  background:#ddd; color:#c00;  }
.nav .sub dl{ display:inline-block; *display:inline; zoom:1; vertical-align:top; padding:
15px 35px; line-height:26px;  }
.nav .sub dl a:hover{ color:#c00;  }
.nav .sub dl dt a{ color:#bb0000; font-weight: bold;font-size: 14px; }
.nav .sub dl dd a{ color:#999;}
.nav #m2 .sub{
    z-index:1;
    width: 948px;
    left: -210px;
    text-align: left;
}
#main{
    padding-top: 20px;
}
#main-left{
    width: 630px;
}
#main-right{
    width: 310px;
}
/* 本例子 css */
.ajaxBox{ width:628px; border:1px solid #e2e2e2; border-top:2px solid #1862ad;  }
.ajaxBox .hd{ margin-left: -1px;border-bottom:1px solid #e2e2e2;  height:34px; line-
height:34px; background:#F5F5F5; }
```

```
.ajaxBox .hd ul{position:relative; margin-bottom:-1px;  overflow:hidden; zoom:1; }
.ajaxBox .hd ul li{ float:left; border-right:1px solid #e2e2e2; border-left:1px solid #
e2e2e2; margin-right:-1px; font:normal 14px/34px "Microsoft YaHei"; _font-weight:bold; }
.ajaxBox .hd ul li a{ display:block; width:124px;color: #404040;text-align: center;}
.ajaxBox .hd ul .tab_index a{padding-left: 4px;}
.ajaxBox .hd ul li.on{ background:#fff; border-bottom:1px solid #fff;  }
.ajaxBox .hd ul li.on a{ color: #404040; font-weight: bold;}
.ajaxBox .bd{ padding:15px 20px; overflow:hidden;  }
.ajaxBox .bd .con{  height:230px;overflow:hidden; }
.ajaxBox .bd .picList{ overflow:hidden; zoom:1; }
.ajaxBox .bd .picList li{ float:left; margin-right:20px; display:inline;   }
.ajaxBox .bd .picList li img{ width:140px; height:93px;  }
.ajaxBox .bd .list li{ height:22px; line-height:22px; color:#666;   }
.news-right{
    width: 284px;
}
.news-right ul li{
    height: 28px;
    line-height: 28px;
    background: url(../images/dot.jpg) 0 12px no-repeat;
    padding-left: 12px;
}
.news-right ul li a,.notice li a{color: #333;}
.news-right ul li a:hover,.notice li a:hover,.video-list li p a:hover{text-decoration:
underline;color: #bb0000; }
/* video-list */
.video-list{width:588px;position:relative;height:230px; }
.video-list li{left:0px;overflow:hidden;width:159px;position:absolute;top:0px;height:
110px}
.video-list li a.cover{background:#478fd8;filter:alpha(opacity=80);
     -moz-opacity:0.8;
     -khtml-opacity: 0.8;
    opacity: 0.8;left:0px;color:#fff;font-family:'microsoft yahei';position:absolute;
    top:0px;}
.video-list li a:hover{color:#fff}
.video-list li a strong{line-height:2em;font-size: 14px;}
.video-list li p{
    background: #478fd8;
    filter:alpha(opacity=80);
     -moz-opacity:0.8;
     -khtml-opacity: 0.8;
    opacity: 0.8;
}
.video-list li p a{
    display: block;
    height: 40px;
    line-height: 40px;
    color: #fff;
    font-size: 14px;
    font-weight: bold;
    text-align: center;
```

```
    background: url(../images/a.png) 0 3px no - repeat;
}
.video - list .a2{width:230px;height:230px}
.video - list .a5{left:250px;top:0px}
.video - list .a6{left:428px;top:0px}
.video - list .a7{left:250px;top:120px}
.video - list .a8{left:428px;top:120px}
.video - list .a2 a.cover{padding - right:20px;padding - left:30px;font - size:18px;padding -
bottom:15px;overflow:hidden;width:180px;padding - top:45px;height:130px}
.video - list .a5 a.cover{padding - right:10px;padding - left:10px;font - size:12px;padding -
bottom:10px;overflow:hidden;width:139px;padding - top:10px;height:90px}
.video - list .a6 a.cover{padding - right:10px;padding - left:10px;font - size:12px;padding -
bottom:10px;overflow:hidden;width:139px;padding - top:10px;height:90px}
.video - list .a7 a.cover{padding - right:10px;padding - left:10px;font - size:12px;padding -
bottom:10px;overflow:hidden;width:139px;padding - top:10px;height:90px}
.video - list .a8 a.cover{padding - right:10px;padding - left:10px;font - size:12px;padding -
bottom:10px;overflow:hidden;width:139px;padding - top:10px;height:90px}
.box{
     border:1px solid #e2e2e2; border - top:2px solid #1862ad;
}
.box - top{
    padding: 0px 20px;
}
.box - top .box - top - area{height: 35px;line - height: 35px;border - bottom:1px dashed #ccc; }
.box - top h3{float: left;font - size: 14px;}
.box - top .mores{float: right;font - size: 13px;color: #e2e2e2}
.notice{padding: 15px 20px 0px 20px;height: 244px;}
.notice li{height: 28px;line - height: 28px;}
.add - time{color: #ddd;font - size: 12px;}
#cate - info{padding - top: 20px;margin: 0 auto;}
#footer{
    height: 81px;
    padding - top: 20px;
    margin - top: 20px;
    background: url(../images/footer.jpg) 0 0 repeat - x;
}
#footer{
    color: #fff;
    text - align: center;
    line - height: 25px;
}
.header - input{
    padding:25px 0;
    float: right;
    overflow: hidden;
}
.waiting{
    color: #ccc;
}
#search{
    padding: 6px 8px;
```

```
    width: 170px;
    font-size: 12px;
    color: :#36332E;
    border: solid 1px #ccc;
    border-radius: 6px;
    float: left;
}
#search-btn{
    float: left;
    background-color: #1B6EC3;
    width: 28px;
    height: 28px;
    margin-left:3px;
    border: solid 1px #1B6EC0;
    border-radius: 4px;
    cursor: pointer;
    color:#fff;
}
```

3. 添加动态效果

在<head>中需引入相关的 JS 文件。

```
<script type="text/javascript" src="js/jquery.min.js"></script>
<script type="text/javascript" src="js/jquery.SuperSlide.2.1.js"></script>
```

jquery.SuperSlide.2.1.js 为一个插件，用以下代码调用该插件实现主体部分标签页切换效果。

```
<script type="text/javascript">
    jQuery(".ajaxBox").slide({});
</script>
```

搜索框中显示默认搜索文字为“自主招生”，获得焦点后文字消失，JavaScript 代码如下。

```
<script type="text/javascript">
    $(function () {
        $("#search").val("自主招生").addClass("waiting")
        .blur(function () {
            if ($(this).val() == "") {
                $("#search").val("自主招生").addClass("waiting");
            }
        })
        .focus(function () {
            if ($("#search").val() == "自主招生") {
                $("#search").val("").removeClass("waiting");
```

```
            }
        });
    });
</script>
```

以下代码实现导航下拉菜单效果。

```
<script type="text/javascript">
    jQuery(".nav").slide({
        type:"menu",
        titCell:".m",
        targetCell:".sub",
        effect:"slideDown",
        easing:"easeOutCubic",
        delayTime:100,
        triggerTime:0,
        returnDefault:false,
        defaultIndex:10
    });
</script>
```

在“视频新闻”的标签页中，当鼠标悬停在图片上时，该区域显示标题，效果如图 11-3 所示，代码如下。

```
<script type="text/javascript">
 $(document).ready(function(){
    $('.video-list li').each(function(){
        $(this).find('.cover').css('top', -$(this).height());
        $(this).hover(function(){
            $(this).find('.cover').animate({
                'top': '0'
            },300);
        },function(){
            $(this).find('.cover').animate({
                'top': $(this).height()
            },{
                duration: 300,
                complete:function(){
                    $(this).css('top', -$(this).parent('li').height())
                }
            });
        });
    });
 });
</script>
```

图 11-3 鼠标悬停显示标题效果

最后，需要实现图片滚动效果，代码如下。

```
<script type="text/javascript">
    $('.picScroll').hover(function(){
        $('.prev,.next').show();
    },function(){
        $('.prev,.next').hide();
    });
    jQuery(".picScroll").slide({
        mainCell:"ul",
        autoPlay:true,
        effect:"left",
        vis:3,
        scroll:1,
        autoPage:true,
        pnLoop:false
    });
</script>
```

还需要为滚动图片设置 CSS 样式，代码如下。

```
.picScroll{ position:relative; height:152px; padding: 0px 0px 0px 5px; background: #fff;
overflow:hidden;  }
.picScroll ul{ overflow:hidden; zoom:1; }
.picScroll ul li{ float:left; width:320px;height:152px; background: url(../images/cate.jpg)
0 0 no-repeat; overflow:hidden; display:inline; }
.picScroll ul li img{margin: 2px 0px 0px 2px;}
.picScroll .prev,
.picScroll .next{ position:absolute;  left:10px; top: 60px; display:block; width:18px;
height:28px; overflow:hidden; background:url(../images/icons.png) -40px 0 no-repeat;
cursor:pointer;  }
.picScroll .next{ left:auto; right:10px; background-position:-120px 0; }
.picScroll .prevStop{ background-position:0 0; }
.picScroll .nextStop{ background-position:-80px 0; }
```

至此，整个学校网站首页即完成了。

任务 2　响应式布局学校网站制作

▶ 任务描述

本任务需要完成一个响应式布局的页面制作，效果如图 11-4 所示。针对不同的显示器分辨率和浏览器窗口大小，该网页显示不同的布局方式。

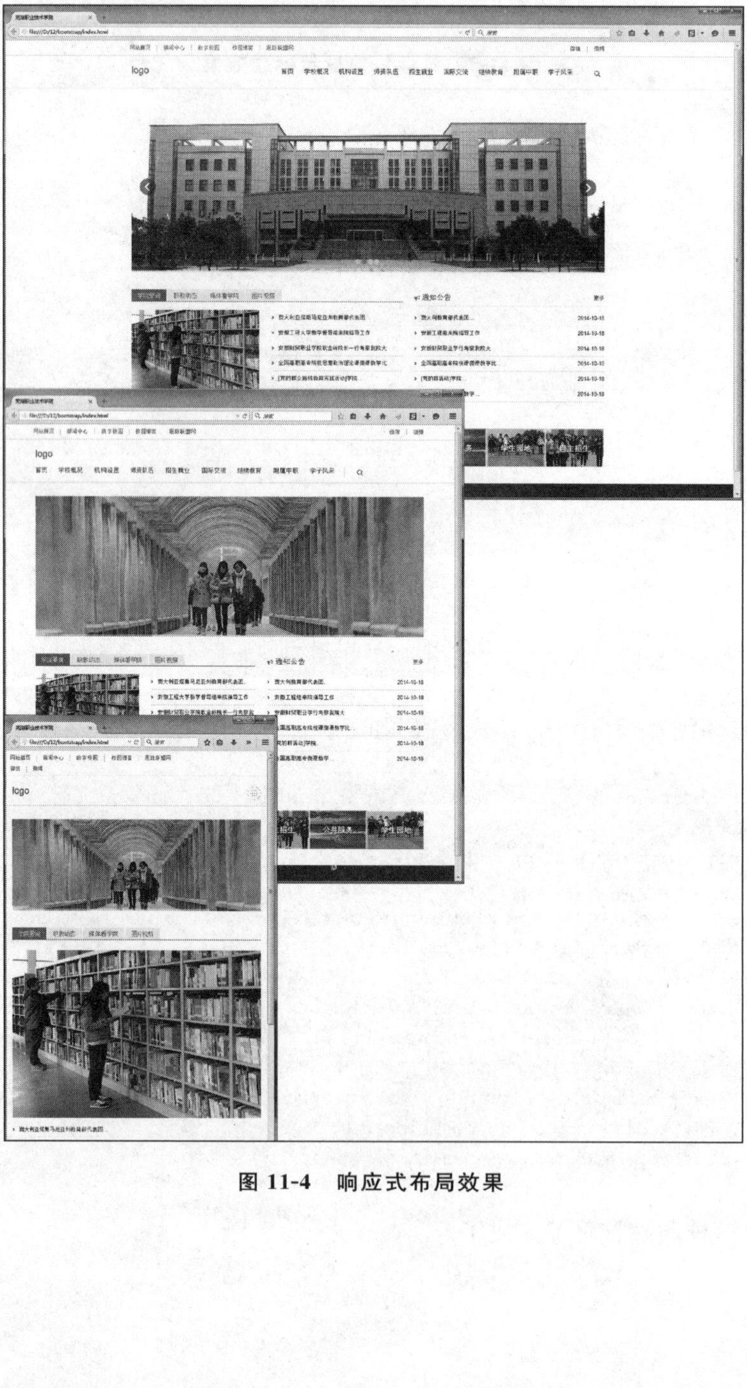

图 11-4　响应式布局效果

▶ 任务实施

1. 确定结构

本任务的 HTML 文档结构如图 11-5 所示。

```
├──── 顶部导航
├────Logo 、导航菜单
├──── 中间部分
│     ├──── 图片切换
│     ├──── 中间主体部分
│     │     ├──── 左侧选项卡
│     │     └──── 右侧通知公告
│     └──── 公共服务
│           ├──── 左侧选项卡
│           └──── 右侧新闻列表
│
└──── 底部
```

图 11-5　响应式布局页面的 HTML 文档结构

2. 设置 meta 和引入文件

响应式布局需要在<head>中设置 viewport 元素，本任务采用 bootstrap 框架、Font Awesome 图标字体，还引入一些插件完成一定的效果，需要在<head>中引入这些文件。

```
<meta content = "width = device - width, initial - scale = 1.0" name = "viewport">
<meta http - equiv = "X - UA - Compatible" content = "IE = edge,chrome = 1">
<meta content = "description" name = "description">
<meta content = "keywords" name = "keywords">
<meta content = "" name = "author">
<meta property = "og:site_name" content = " - CUSTOMER VALUE - ">
<meta property = "og:title" content = " - CUSTOMER VALUE - ">
<meta property = "og:description" content = " - CUSTOMER VALUE - ">
<meta property = "og:type" content = "website">
<meta property = "og:image" content = " - CUSTOMER VALUE - "><! -- link to image for socio -->
<meta property = "og:url" content = " - CUSTOMER VALUE - ">
<! -- Global styles START -->
<link href = "assets/global/plugins/font - awesome/css/font - awesome. min. css" rel = "
stylesheet">
<link href = "assets/global/plugins/bootstrap/css/bootstrap.min.css" rel = "stylesheet">
<! -- Global styles END -->
<! -- Page level plugin styles START -->
<link href = "assets/global/plugins/carousel - owl - carousel/owl - carousel/owl.carousel.css"
rel = "stylesheet">
<link href = "assets/global/plugins/slider - revolution - slider/rs - plugin/css/settings.css"
rel = "stylesheet">
```

```
<! -- Page level plugin styles END -->
<! -- Theme styles START -->
<link href = "assets/global/css/components.css" rel = "stylesheet">
<link href = "assets/layout/css/style.css" rel = "stylesheet">
<link href = "assets/layout/css/style-revolution-slider.css" rel = "stylesheet">
<link href = "assets/layout/css/style-responsive.css" rel = "stylesheet">
<link href = "assets/layout/css/themes/red.css" rel = "stylesheet" id = "style-color">
<link href = "assets/layout/css/custom.css" rel = "stylesheet">
```

3. 添加 HTML 内容并应用框架及插件

Logo 区域的导航菜单利用 Bootstrap 中 dropdown-toggle 类制作下拉菜单，利用 JavaScript 实现导航响应式展开与简约效果。图片轮播采用插件方式完成。左侧选项卡、右侧公告栏等利用类 col-md-X 和类 col-sm-X 实现不同浏览器大小的不同布局。完整的 HTML 代码如下。

```
<body class = "corporate">
    <! -- BEGIN TOP BAR -->
    <div class = "pre-header">
        <div class = "container">
            <div class = "row">
                <! -- BEGIN TOP BAR LEFT PART -->
                <div class = "col-md-6 col-sm-6 additional-shop-info">
                    <ul class = "list-unstyled list-inline">
                        <li><a href = "">网站首页</a></li>
                        <li><a href = "">新闻中心</a></li>
                        <li><a href = "">数字校园</a></li>
                        <li><a href = "">校园博客</a></li>
                        <li><a href = "">思政联盟网</a></li>
                    </ul>
                </div>
                <! -- END TOP BAR LEFT PART -->
                <! -- BEGIN TOP BAR MENU -->
                <div class = "col-md-6 col-sm-6 additional-nav">
                    <ul class = "list-unstyled list-inline pull-right">
                        <li class = "langs-block">
                            <a href = "javascript:void(0);">微信 </a>
                            <div class = "langs-block-others-wrapper">
                              <div class = "langs-block-others">
                              <img src = "images/wx.jpg" alt = "" width = "100"
                                height = "100">
                              </div>
                            </div>
                        </li>
                        <li class = "langs-block">
                            <a href = "javascript:void(0);">微博 </a>
                            <div class = "langs-block-others-wrapper">
```

```
                    <div class = "langs - block - others">
                    <img src = "images/wb.png" alt = ""  width = "100"
                     height = "100">
                    </div>
                  </div>
                </li>
              </ul>
            </div>
            <! -- END TOP BAR MENU -- >
          </div>
        </div>
      </div>
      <! -- END TOP BAR -- >
      <! -- BEGIN HEADER -- >
      <div class = "header">
        <div class = "container">
          <a class = "site - logo" href = "index.html"> logo
          <! -- <img src = "images/logo.png" alt = "logo">   -- >
          </a>

          <a href = "javascript:void(0);" class = "mobi - toggler">
           <i class = "fa fa - bars"></i></a>

          <! -- BEGIN NAVIGATION -- >
          <div class = "header - navigation pull - right font - transform - inherit">
            <ul>
              <li><a href = "#">首页 </a></li>
              <li class = "dropdown">
                <a class = "dropdown - toggle" data - toggle = "dropdown" data - target = "#"
                 href = "#">
                  学校概况
                </a>
                <ul class = "dropdown - menu">
                  <li><a href = "#">学校简介</a></li>
                  <li><a href = "#">现任领导</a></li>
                  <li><a href = "#">校园风光</a></li>
                </ul>
              </li>
              <li class = "dropdown dropdown - megamenu">
                <a class = "dropdown - toggle" data - toggle = "dropdown" data - target = "#"
                 href = "#">
                 机构设置
                </a>
                <ul class = "dropdown - menu">
                  <li>
                    <div class = "header - navigation - content">
                      <div class = "row">
                        <div class = "col - md - 4 header - navigation - col">
```

```
  <h4>党群机构</h4>
  <ul>
    <li><a href="#">办公室</a></li>
    <li><a href="#">组织部</a></li>
    <li><a href="#">宣传部</a></li>
    <li><a href="#">监察处</a></li>
    <li><a href="#">工会</a></li>
    <li><a href="#">团委</a></li>
  </ul>
  <h4>教辅机构</h4>
  <ul>
    <li><a href="#">图书馆</a></li>
    <li><a href="#">学报编辑部</a></li>
    <li><a href="#">创业中心</a></li>
    <li><a href="#">卫生科</a></li>
  </ul>
</div>
<div class="col-md-4 header-navigation-col">
  <h4>行政机构</h4>
  <ul>
    <li><a href="#">教务处</a></li>
    <li><a href="#">科研处</a></li>
    <li><a href="#">财务处</a></li>
    <li><a href="#">学生处</a></li>
    <li><a href="#">招生就业处</a></li>
    <li><a href="#">保卫处</a></li>
    <li><a href="#">总务处</a></li>
    <li><a href="#">干训中心</a></li>
    <li><a href="">实验实训中心</a></li>
    <li><a href="">国际交流与合作处</a></li>
    <li><a href="">国有资产管理处</a></li>
  </ul>
  <h4>附属机构</h4>
  <ul>
    <li><a href="#">芜湖仪器仪表研究所</a></li>
    <li><a href="#">附校</a></li>
  </ul>
</div>
<div class="col-md-4 header-navigation-col">
  <h4>教学机构</h4>
  <ul>
    <li><a href="#">材料工程学院</a></li>
    <li><a href="#">电气工程学院</a></li>
    <li><a href="#">公共管理学院</a></li>
    <li><a href="#">国际经贸学院</a></li>
    <li><a href="#">机械工程学院</a></li>
    <li><a href="">建筑工程学院</a></li>
    <li><a href="">经济管理学院</a></li>
```

```
                <li><a href = "">汽车工程学院</a></li>
                <li><a href = "">人文旅游学院</a></li>
                <li><a href = "">生物工程学院</a></li>

                <li><a href = "#">网络工程学院</a></li>
                <li><a href = "#">信息工程学院</a></li>
                <li><a href = "#">艺术传媒学院</a></li>
                <li><a href = "#">应用外语学院</a></li>
                <li><a href = "#">园林园艺学院</a></li>
                <li><a href = "">继续教育学院</a></li>
                <li><a href = "">基础部</a></li>
                <li><a href = "">思政部</a></li>
                <li><a href = "">体育部</a></li>
              </ul>
            </div>

          </div>
        </div>
      </li>
    </ul>
  </li>
  <li><a href = "#">师资队伍</a></li>
  <li><a href = "#">招生就业</a></li>
  <li><a href = "#">国际交流</a></li>
  <li><a href = "#">继续教育</a></li>
  <li><a href = "#">附属中职</a></li>
  <li><a href = "#">学子风采</a></li>
  <! -- BEGIN TOP SEARCH -->
  <li class = "menu - search">
    <span class = "sep"></span>
    <i class = "fa fa - search search - btn"></i>
    <div class = "search - box">
      <form action = "#">
        <div class = "input - group">
          <input type = "text" placeholder = "请输入搜索关键字"
           class = "form - control">
          <span class = "input - group - btn">
            <button class = "btn btn - primary" type = "submit">搜索</button>
          </span>
        </div>
      </form>
    </div>
  </li>
  <! -- END TOP SEARCH -->
</ul>
</div>
<! -- END NAVIGATION -->
</div>
```

```
</div>
<!-- Header END -->

<div class="margin-bottom-20"> </div>

<div class="main">
  <div class="container">

    <div class="page-slider margin-bottom-40">
    <div class="fullwidthbanner-container revolution-slider">
      <div class="fullwidthabnner">
        <ul id="revolutionul">
          <!-- THE NEW SLIDE -->
          <li data-transition="fade" data-slotamount="8" data-masterspeed="700"
           data-delay="9400" data-thumb="#">
            <!-- THE MAIN IMAGE IN THE FIRST SLIDE -->
            <img src="images/6.jpg" alt=""></li>
          <!-- THE NEW SLIDE -->
          <li data-transition="fade" data-slotamount="8" data-masterspeed="700"
           data-delay="9400" data-thumb="#">
            <!-- THE MAIN IMAGE IN THE FIRST SLIDE -->
            <img src="images/8.png" alt=""></li>
          <!-- THE NEW SLIDE -->
          <li data-transition="fade" data-slotamount="8" data-masterspeed="700"
           data-delay="9400" data-thumb="#">
            <!-- THE MAIN IMAGE IN THE FIRST SLIDE -->
            <img src="images/7.png" alt=""></li>
          <!-- THE NEW SLIDE -->
          <li data-transition="fade" data-slotamount="8" data-masterspeed="700"
           data-delay="9400" data-thumb="#">
            <!-- THE MAIN IMAGE IN THE FIRST SLIDE -->
            <img src="images/9.png" alt=""></li>
        </ul>
        <div class="tp-bannertimer tp-bottom"></div>
      </div>
    </div>
</div>
    <!-- BEGIN TABS AND TESTIMONIALS -->
    <div class="row mix-block margin-bottom-40">
      <!-- TABS -->
      <div class="col-md-7 tab-style-1">
        <ul class="nav nav-tabs">
          <li class="active"><a href="#tab-1" data-toggle="tab">学院要闻</a></li>
          <li><a href="#tab-2" data-toggle="tab">职教动态</a></li>
          <li><a href="#tab-3" data-toggle="tab">媒体看学院</a></li>
          <li><a href="#tab-4" data-toggle="tab">图片视频</a></li>
        </ul>
```

```
<div class = "tab - content cate - tab - content">
  <div class = "tab - pane row fade in active" id = "tab - 1">
    <div class = "col - md - 6 col - sm - 6">
      <div class = "front - carousel">
            <div class = "carousel slide" id = "myCarousel">
              <! -- Carousel items -- >
              <div class = "carousel - inner">
                <div class = "item active">
                  < img alt = "" src = "images/5. png">
                </div >
                <div class = "item">
                  < img alt = "" src = "images/5. png">
                </div >
                <div class = "item">
                  < img alt = "" src = "images/5. png">
                </div >
              </div >
              <! -- Carousel nav -- >
              <a data - slide = "prev" href = " # myCarousel"
               class = "carousel - control left">
                < i class = "fa fa - angle - left"></i >
              </a >
              <a data - slide = "next" href = " # myCarousel"
               class = "carousel - control right">
                < i class = "fa fa - angle - right"></i >
              </a >
            </div >
      </div >
    </div >
    <div class = "col - md - 6 col - sm - 6">
      < ul class = "nav sidebar - categories ">
        < li>< a href = "">澳大利亚塔斯马尼亚州教育部代表团...</a ></li >
        < li>< a href = "">安徽工程大学教学督导组来院指导工作</a ></li >
        < li>< a href = "">安徽财贸职业学院耿金岭院长一行考察我院大 </a></li>
        < li>< a href = "">全国高职高专院校思想政治理论课微课教学比...</a ></li >
        < li>< a href = "">[党的群众路线教育实践活动]学院...</a ></li >
        < li>< a href = "">安徽财贸职业学院耿金岭院长一行考察我院大 </a></li>
      </ul >
    </div >
  </div >
  <div class = "tab - pane fade" id = "tab - 2">
    <div class = "col - md - 6 col - sm - 6">
      < ul class = "nav sidebar - categories ">
        < li>< a href = "">澳大利亚塔斯马尼亚州教育部代表团...</a ></li >
        < li>< a href = "">安徽工程大学教学督导组来院指导工作</a ></li >
        < li>< a href = "">安徽财贸职业学院耿金岭院长一行考察我院大 </a></li>
        < li>< a href = "">全国高职高专院校思想政治理论课微课教学比...</a ></li >
```

```
          <li><a href = "">[党的群众路线教育实践活动]学院...</a></li>
          <li><a href = "">安徽财贸职业学院耿金岭院长一行考察我院大 </a></li>
        </ul>
      </div>
      <div class = "col - md - 6 col - sm - 6">
        <div class = "front - carousel">
              <div class = "carousel slide" id = "myCarousel2">
                <! -- Carousel items -- >
                <div class = "carousel - inner">
                  <div class = "item active">
                    <img alt = "" src = "images/5.png">
                  </div>
                  <div class = "item">
                    <img alt = "" src = "images/5.png">
                  </div>
                  <div class = "item ">
                    <img alt = "" src = "images/5.png">
                  </div>
                </div>
                <! -- Carousel nav -- >
                <a data - slide = "prev" href = "#myCarousel2"
                 class = "carousel - control left">
                  <i class = "fa fa - angle - left"></i>
                </a>
                <a data - slide = "next" href = "#myCarousel2"
                 class = "carousel - control right">
                  <i class = "fa fa - angle - right"></i>
                </a>
              </div>
            </div>
      </div>

    </div>
    <div class = "tab - pane fade" id = "tab - 3">
      <div class = "col - md - 12 sale - product">
        <div class = "owl - carousel owl - carousel3">
          <div>
            <div class = "product - item">
              <div class = "pi - img - wrapper">
                <img src = "images/4.jpg" class = "img - responsive"
                 alt = "Berry Lace Dress">
              </div>
              <h3><a href = "#">澳大利亚塔斯马尼亚州教育</a></h3>
              <div class = "pi - price"><i class = "fa fa - eye"> 1200 </i></div>
              <a href = "#" class = "btn btn - default add2cart">详情</a>
            </div>
          </div>
```

```
                <div>
                  <div class = "product - item">
                    <div class = "pi - img - wrapper">
                      <img src = "images/4. jpg" class = "img - responsive"
                        alt = "Berry Lace Dress">
                    </div>
                    <h3><a href = "shop - item. html">安徽工程大学教学督导组来院指导
                        工作</a></h3>
                    <div class = "pi - price"><i class = "fa fa - eye"> 1200 </i></div>
                    <a href = "#" class = "btn btn - default add2cart">详情</a>
                  </div>
                </div>
                <div>
                  <div class = "product - item">
                    <div class = "pi - img - wrapper">
                      <img src = "images/4. jpg" class = "img - responsive"
                        alt = "Berry Lace Dress">
                    </div>
                    <h3><a href = "shop - item. html">党的群众路线教育实践活动</a></h3>
                    <div class = "pi - price"><i class = "fa fa - eye"> 1200 </i></div>
                    <a href = "#" class = "btn btn - default add2cart">详情</a>
                  </div>
                </div>

              </div>
            </div>
          </div>
          <div class = "tab - pane fade" id = "tab - 4">
              <div class = "col - md - 12 sale - product">
              <div class = "owl - carousel owl - carousel3">
                <div>
                  <div class = "product - item">
                    <div class = "pi - img - wrapper">
                      <img src = "images/4. jpg" class = "img - responsive"
                        alt = "Berry Lace Dress">
                    </div>
                    <h3><a href = "#">澳大利亚塔斯马尼亚州教育</a></h3>
                    <div class = "pi - price"><i class = "fa fa - eye"> 1200 </i></div>
                    <a href = "#" class = "btn btn - default add2cart">详情</a>
                  </div>
                </div>
                <div>
                  <div class = "product - item">
                    <div class = "pi - img - wrapper">
                      <img src = "images/4. jpg" class = "img - responsive"
                        alt = "Berry Lace Dress">
                    </div>
```

```
                <h3><a href="shop-item.html">安徽工程大学教学督导组来院指导工
                 作</a></h3>
                <div class="pi-price"><i class="fa fa-eye">1200</i></div>
                <a href="#" class="btn btn-default add2cart">详情</a>
              </div>
            </div>
            <div>
              <div class="product-item">
                <div class="pi-img-wrapper">
                  <img src="images/4.jpg" class="img-responsive"
                   alt="Berry Lace Dress">
                </div>
               <h3><a href="shop-item.html">党的群众路线教育实践活动</a></h3>
                <div class="pi-price"><i class="fa fa-eye">1200</i></div>
                <a href="#" class="btn btn-default add2cart">详情</a>
              </div>
            </div>
            <div>
              <div class="product-item">
                <div class="pi-img-wrapper">
                  <img src="images/4.jpg" class="img-responsive"
                   alt="Berry Lace Dress">
                </div>
               <h3><a href="shop-item.html">党的群众路线教育实践活动</a></h3>
                <div class="pi-price"><i class="fa fa-eye">1200</i></div>
                <a href="#" class="btn btn-default add2cart">详情</a>
              </div>
            </div>
          </div>
        </div>
      </div>
    </div>
  </div>
<!-- END TABS -->

<!-- TESTIMONIALS -->
<div class="col-md-5">
   <div class="portlet">
  <div class="portlet-title">
    <div class="caption">
      <i class="fa fa-bullhorn"></i>通知公告
    </div>
    <div class="tools">
        <a href="javascript:;">
          更多
        </a>
    </div>
```

```
                </div>
                <div class = "portlet - body">
                  <ul class = "nav sidebar - categories">
                    <li><a href = "">澳大利教育部代表团...<span class = "pull - right">
                     2014 - 10 - 18 </span></a></li>
                    <li><a href = "">安徽工程组来院指导工作<span class = "pull - right">
                     2014 - 10 - 18 </span></a></li>
                    <li><a href = "">安徽财贸职业学行考察我院大 <span class = "pull - right">
                     2014 - 10 - 18 </span></a></li>
                    <li><a href = "">全国高职高专院校课微课教学比...
                     <span class = "pull - right"> 2014 - 10 - 18 </span></a></li>
                    <li><a href = "">[党的群众路线教育实践活动]学院...<span class = "pull -
                     right">
                     2014 - 10 - 18 </span></a></li>
                    <li><a href = "">全国高职高专微课教学...<span class = "pull - right">
                     2014 - 10 - 18 </span></a></li>

                  </ul>
                </div>
              </div>
              </div>
              <! -- END TESTIMONIALS -->
            </div>
            <! -- END TABS AND TESTIMONIALS -->

            <! -- BEGIN CLIENTS -->
            <div class = "row margin - bottom - 40 our - clients">
              <div class = "col - md - 3">
                <h2><a href = "#">公共服务</a></h2>
                <p>学校各类系统、专题公共服务窗口.</p>
              </div>
              <div class = "col - md - 9">
                <div class = "owl - carousel owl - carousel6 - brands">
                  <div class = "client - item">
                    <a href = "#">
                      <img src = "images/1.jpg" class = "img - responsive" alt = "">
                      <img src = "images/1.jpg" class = "color - img img - responsive" alt = "">
                    </a>
                  </div>
                  <div class = "client - item">
                    <a href = "#">
                      <img src = "images/2.jpg" class = "img - responsive" alt = "">
                      <img src = "images/2.jpg" class = "color - img img - responsive" alt = "">
                    </a>
                  </div>
                  <div class = "client - item">
                    <a href = "#">
                      <img src = "images/3.jpg" class = "img - responsive" alt = "">
```

```
                <img src="images/3.jpg" class="color-img img-responsive" alt="">
              </a>
            </div>
            <div class="client-item">
              <a href="#">
                <img src="images/1.jpg" class="img-responsive" alt="">
                <img src="images/1.jpg" class="color-img img-responsive" alt="">
              </a>
            </div>
            <div class="client-item">
              <a href="#">
                <img src="images/2.jpg" class="img-responsive" alt="">
                <img src="images/2.jpg" class="color-img img-responsive" alt="">
              </a>
            </div>
            <div class="client-item">
              <a href="#">
                <img src="images/3.jpg" class="img-responsive" alt="">
                <img src="images/3.jpg" class="color-img img-responsive" alt="">
              </a>
            </div>
            <div class="client-item">
              <a href="#">
                <img src="images/1.jpg" class="img-responsive" alt="">
                <img src="images/1.jpg" class="color-img img-responsive" alt="">
              </a>
            </div>
            <div class="client-item">
              <a href="#">
                <img src="images/2.jpg" class="img-responsive" alt="">
                <img src="images/2.jpg" class="color-img img-responsive" alt="">
              </a>
            </div>
          </div>
        </div>
      </div>
      <!-- END CLIENTS -->
    </div>
  </div>

  <!-- BEGIN FOOTER -->
  <div class="footer">
    <div class="container">
      <div class="row">
        <!-- BEGIN COPYRIGHT -->
        <div class="col-md-12 col-sm-12 padding-top-10">
          版权所有 &copy;芜湖职业技术学院 COPYRIGHT&copy;WUHU ISTITUTE OF TECHNOLOGY 皖 ICP
          备 05000975 号 <br>
          <p>北校区地址：安徽省芜湖市银湖北路 62 号   邮编：241006   南校区地址：安徽省芜
          湖市文津西路   邮编：241003
```

```
            </div>
            <!-- END COPYRIGHT -->

          </div>
        </div>
      </div>
      <!-- END FOOTER -->
```

4. 样式修饰及添加 JavaScript

为了让页面符合自己的风格，可以增加一些样式效果，由于篇幅限制，在此不再赘述。可以在素材文件中查看。

在<body>的最后添加下面 JavaScript 代码。此时完整的响应式布局的页面就完成了。

```
<script src="assets/global/plugins/jquery.min.js" type="text/javascript"></script>
<script src="assets/global/plugins/jquery-migrate.min.js" type="text/javascript"></
script>
<script src="assets/global/plugins/bootstrap/js/bootstrap.min.js" type="text/javascript">
</script>
 <!-- END CORE PLUGINS -->

<!-- BEGIN PAGE LEVEL JAVASCRIPTS (REQUIRED ONLY FOR CURRENT PAGE) -->
 <script src="assets/global/plugins/carousel-owl-carousel/owl-carousel/owl.carousel.
min.js" type="text/javascript"></script><!-- slider for products -->
<script src="assets/global/plugins/slider-revolution-slider/rs-plugin/js/jquery.
themepunch.revolution.min.js" type="text/javascript"></script>
<script src="assets/global/plugins/slider-revolution-slider/rs-plugin/js/jquery.
themepunch.tools.min.js" type="text/javascript"></script>
<script src="assets/global/scripts/revo-slider-init.js" type="text/javascript"></
script>
<script src="assets/layout/scripts/layout.js" type="text/javascript"></script>
<script type="text/javascript">
    jQuery(document).ready(function() {
        Layout.init();
        Layout.initOWL();
         RevosliderInit.initRevoSlider();
    });
</script>
<!-- END PAGE LEVEL JAVASCRIPTS -->
```

课后练习

1. 在此项目的基础上，尝试制作一个该校新闻中心的页面和响应式布局页面。
2. 学习了本项目的设计思路和步骤后，尝试制作一个门户网站首页和响应式布局的首页。

参考文献

1. 单东林,张晓菲,魏然. 锋利的jQuery[M]. 2版. 北京：人民邮电出版社,2012.
2. 王宾. Web标准网页制作实例教程[M]. 合肥：安徽科学技术出版社,2014.
3. Andy Budd,Simon Collison,Cameron Moll. 精通CSS：高级Web标准解决方案[M]. 2版. 北京：人民邮电出版社,2012.
4. https://developer.mozilla.org/zh-CN/docs/Web.
5. http://www.bootcss.com/.